CJUP

SZU 2000-2013 SELECTED WORKS
BY ARCHITECTURAL FACULTY
MEMBERS OF SHENZHEN UNIVERSITY

深圳大学教师建筑设计作品集

COLLEGE OF ARCHITECTURE & URBAN PLANNING OF SHENZHEN UNIVERSITY

深圳大学建筑与城市规划学院 编

中国建筑工业出版社
CHINA ARCHITECTURE & BUILDING PRESS

深圳大学校园中心 1985　　　　深圳大学演会中心 1988　　　　蛇口联合医院 1988

TEACHER'S DESIGN PRACTICES
教师们的设计实践

覃力　Qin Li

"实践是检验真理的标准"、"实践出真知",这两句在过去一段时间里使用频率颇高的语汇,对于今天的建筑学来说,仍然是适用的。建筑教育原本就是"从实践中来,再到实践中去"的,因此,对于学校而言,理论与实践是同样重要的。当然,在实践方面每个学校都有自己的方法,教师们创作的优秀作品,也一直都是建筑创作大家庭中的重要一员。深圳大学建筑学院的教师们依托深圳特区,在设计实践方面也做出了一些尝试,此次编辑《深圳大学教师建筑设计作品集》,就是希望能够对这些尝试做个总结。

深圳大学建筑学专业创立于1983年,是"文革"后开办建筑学专业的新兴学校之一。创建之初,得到了清华大学的大力支持,清华大学著名学者汪坦教授亲自担任建筑系的第一任系主任。经过几代人的创业、努力和薪火相传,当年的小树如今已然枝繁叶茂,结出了丰硕的果实。

随着深圳特区和深圳大学的发展壮大,建筑学专业的教学规模也在逐渐地扩大,师资力量得到了充实,办学条件也有了较大的改善。从最初的十几名专业教师,发展到现在拥有数十名教授、专家学者的建筑与城市规划学院,整体实力和教学影响力都得到了拓展。目前,深圳大学的建筑学专业是"教育部特色专业建设点"、"广东省名牌专业"和"广东省重点学科"。

由于建筑学专业是个实践性很强的专业,有如医生需要临床看病,积累经验一样,理论和实践都是不可或缺的。而深圳大学又地处深圳特区,有着"务实、开拓和创新"的精神。所以,深圳大学建筑学专业在创立之时,就与深圳大学建筑设计研究院紧密结合,走上了一条相互支持、共同成长、共同发展的道路,并最终形成了"学研产一体化"的办学特色。在这一重视理论联系实际的办学思想指导之下,深圳大学建筑学专业的教师们在教学、科研之余,凭借学校这一实力雄厚的学术平台,参与了大量的建筑设计实践,为深圳特区及国内其他地区的城市建设做出了不小的贡献,同时也收获了许多宝贵经验,促进了教学和科研水平的进一步提高。

早期的设计实践多结合深圳大学的建设。当年的深圳大学正处在建设的起步阶段,为了早日建成校园,教师们都积极地投入到了自己学校的建设之中。从总体的校园规划到单体建筑,通过师生们的共同努力,设计建成

了很有特色的深圳大学校园建筑群。其中最有影响的"深圳大学校园中心广场设计(1985年)"曾获得全国教育建筑优秀设计二等奖、中国当代环境艺术设计优秀奖,"深圳大学演会中心"曾获得中国建筑学会建筑创作奖、建设部优秀勘察设计二等奖。当年的那些规划、设计理念,直到今天,对校园建筑仍然产生着重大的影响。

与此同时,深圳大学的教师们还积极地参与了深圳市的城市建设,与深圳市共同发展。1980年代,教师们先后设计了各种不同类型的建筑200余项。其中具有代表性的建筑有:"东江深圳供电局指挥大楼"、"蛇口联合医院"、"深圳市上步区人民医院"、"广发公司综合大厦"、"文华高层商住楼"、"中原油田展览馆"、"招商宾馆"、"深圳市小梅沙海滨旅游中心度假公寓"、"福田小学"、"上海金陵西路高层住宅"、"蛇口海湾花园"等等。

1990年代,深圳大学的教师们不仅更多地参与了深圳市的城市建设,承担了许多重大项目,而且,设计项目还扩展到了全国其他城市。"南山文体中心"、"南山人民医院"、"龙华汽车站"、"万德大厦"、"电影大厦"、"深港大厦"、"深圳大学元平体育馆"、"深圳外语学校综合实验楼"、"深圳中学图书馆、科技楼",以及1990年代后期建成的"安徽大厦"、"深南花园"、"翠海花园"、"南海电力大厦"、"广州中旅商业城"、"宁波新闻文化中心"、"深圳彩田村住宅小区"等等,都是当时设计上很有特色,而且具有一定影响力的项目。

1990年代,深圳大学教师们的很多设计作品不仅在深圳市和广东省内获得了好评,拿到许多奖项,一些作品还荣获了在全国具有一定影响力的奖项。例如:"蛇口中小学"就曾荣获首届"建筑师杯"全国中小型建筑优秀设计优秀奖,"深圳特区报业大厦"、"深圳市五洲宾馆"和"宁波文化中心"等,都曾获得了建设部的优秀勘察设计奖,"深圳万科四季花城"(第一期)曾获得过1999年度国家安居示范小区评比第一名。这些获奖作品,在社会上也都曾经引起了广泛的关注。

在重大国际赛事上,深圳大学的教师们也出手不凡,设计实力令人刮目相看。1998年,北京举办了第一次具有国际影响力的公开竞赛——"国家大剧院设计竞赛"。深圳大学的设计方案从50多个中外参赛方案中脱颖而

深圳蛇口中小学综合楼 1990　　　广发公司综合大厦 1990　　　深圳南山文体中心 1991

出，获得公众最多选票，是进入第二轮的9家设计单位之一，也是唯一 一个没与外方合作的名不见经传的内地设计单位。

进入21世纪，随着学科建设力度的加强，教学、科研等整体实力得到了提升，深圳大学教师们的设计实践也与教学和科研结合更加紧密，许多创作实践都带有一定的学术性和探索性，并在高层建筑、校园建筑、住宅建筑等方面形成了自己的特色和优势。

在高层建筑领域，深圳大学是国际"高层建筑与城市人居协会（CTBUH）"会员单位，教师们结合设计实践，编写出版了《高层办公综合建筑设计》、《日本高层建筑》、《日本高层建筑的发展趋向》、《高层超高层集合住宅》等多部专著、译著，设计了"福建兴业银行大厦"、"凯宾斯基酒店"、"银信中心"、"深圳昌盛大厦"、"深圳大学科技楼"、"烟台世贸中心酒店及办公楼"等高层、超高层建筑，目前正在设计的"宝能沈阳超高层综合体"更是高达518m。在这一领域中，形成了有一定影响力的高水平研究成果和实践作品。

校园建筑的规划设计是深圳大学教师们接触最多的建筑类型之一，近十余年来，已在原来基础上有了进一步的拓展，设计建成了一大批很有影响力的设计作品。例如："深圳大学建筑与城市规划学院院馆"、"深圳大学图书馆（二期）"、"深圳大学师范学院综合教学楼"、"东莞理工学院松山湖图书馆"、"广东外语外贸大学图书馆"、"上海松江大学城第五教学楼"、"深圳福田外国语学校"、"深圳外国语学校国际部"、"深圳市信息职业技术学院综合楼、宿舍楼"、"深圳大学南区学生公寓"、"广西工学院科教中心"、"深圳大学晨景学生公寓"等等。其中许多设计创作都带有一定的探索性和前瞻性，在地域气候影响策略、空间组织方式和创造个性化学习生活环境等方面都有所突破。2010年，"深圳大学建筑群"在众多教师多年的努力之下，被深圳市评选为深圳30年特区建区十大最有影响力的建筑之一。

在居住建筑方面，针对快速发展的城市化背景，深圳大学的教师们立足于深圳和珠三角地区，在亚热带地区居住建筑、后小康住宅、高密度住宅等领域取得了一系列理论研究和创作实践的成果。代表性作品有："深圳高尔夫花园一期"、"深圳万科东海岸"、"横岗城市中央花园"、"深

圳万科城"、"星河丹堤"、"中海·半山溪谷"、"中山万科城市风景"、"深圳金鸿凯旋城"、"佳兆业水岸新都"、"广西南宁普罗旺斯"、"河南鑫苑名家"、"南昌万达华府"等等。这些创作实践多是结合国家自然科学基金、建设部科技项目等科研课题展开的设计项目，获得了数十项国家及省部级奖项，在住宅规划设计领域具有相当的影响力和示范性意义。

借助大学这一有利条件，深圳大学的教师们还与境外著名的建筑设计事务所和研究机构进行过多种形式的联合协作。早在20世纪90年代初，就曾与SOM合作，设计了当时最高的88层的"深圳对外贸易中心"，并在国际竞赛中一举中标。近几年合作设计建成的项目有："深圳百仕达红树西岸"、"深圳万科天琴湾"、"深圳万科金域蓝湾（三期）"等项目。通过这些合作，进一步加深了深圳大学与境外设计、研究机构的学术交流，形成了一种信息交流频繁的学术氛围。

经过教师们的努力，深圳大学建筑学科近十余年来先后获得了国家和省部级优秀设计奖40余项，其中全国优秀工程设计铜奖1项，詹天佑大奖1项，詹天佑大奖住宅小区金奖4项，香港建筑师学会两岸四地建筑设计大奖银奖1项，建设部优秀工程二等奖1项、三等奖2项，全国优秀工程勘察设计行业二等奖2项、三等奖1项，中国建筑学会建筑创作佳作奖5项，广东省优秀工程勘察设计一等奖9项、二等奖8项、三等奖5项，广东省岭南特色建筑优秀设计银奖1项，广东省建筑创作优秀奖4项、佳作奖6项。

30年来，深圳大学的教师们通过 "学研产一体化"的平台，以积极执着的态度，结合教学和科研创作出了大量的优秀建筑作品，许多作品都得到了同行的好评。此次编辑出版的《深圳大学教师建筑设计作品集》，主要是从2000年以后建成的项目中选出的部分代表性作品。这些作品虽然说不上全面、完善，很多地方还有待改进，从全国范围内来看，也不过是沧海一粟，没什么值得夸耀的。但是，它却可以从一个侧面反映出深圳大学教师们的整体实力和学术追求。同时，也可以使我们看到 "学研产一体化"机制在科研成果转化、设计创新能力提升和教学质量改进、以及理论联系实际等方面，始终发挥着重要的作用。

此书的编辑出版，正值深圳大学建校30周年，故以此书作为贺礼。

深圳对外贸易中心 1992

深圳大学元平体育馆 1994

文华大厦 1994

深圳深港大厦 1994

"Practice is the criterion for testing truth" and "Genuine knowledge comes from practice". These two phrases, often used in the past, still apply to the Architecture today. By its nature, architectural education is "from the practice, and to the practice", and as for schools, theory and practice are equally important. Admittedly, every school has its own approach in practice, and excellent works created by teachers are always important members of the broader family of architecture creation. Teachers from the School of Architecture and Urban Planning at Shenzhen University have made some attempts in design practice, applying their skills to projects based in the Shenzhen Special Economic Zone. We hope to summarize such efforts by editing the Selected Works by Architectural Faculty Members of Shenzhen University.

Established in 1983, Shenzhen University offered architectural programmes and became one of the emerging schools which set architecture major following the Cultural Revolution (1966–1976). The School received generous support from Tsinghua University. Professor Wang Tan, a famous scholar from Tsinghua, acted as the first Dean of Shenzhen University's Department of Architecture. Through the pioneering efforts of these teachers, and of those who followed, the previously small tree has become lush and bears rich fruits.

Along with development of the Shenzhen Special Economic Zone and Shenzhen University, the scope of the architectural programme has been gradually increasing, the faculty has been enriched, and school's facilities have remarkably improved as well. From a dozen professional teachers to dozens of professors, experts and scholars, the School of Architecture and Urban Planning has expanded both in capability and influence. At present, the architecture major of Shenzhen University has been recognised with various awards including Characteristic Major Ratified by Ministry of Education, Famous Major in Guangdong Province, and Key Subject in Guangdong Province.

Since the architecture course requires a very strong practical base, both theory and practice are indispensable, in the same way as that a doctor needs to accumulate experience by checking patients. Moreover, Shenzhen University is located in the Shenzhen Special Economic Zone which projects the spirit of "pragmatic, pioneering and innovative". Since establishment, the development of architecture major in Shenzhen University has integrated closely with Shenzhen University Institute of Architectural Design and Research(SUIADR), traveled a road of mutual support, mutual growth and mutual development, and eventually formed an alliance among practice, education and research. Guided by the school's administrative ideology of emphasizing integration of theory and practice, our teachers have participated in a plenty of architectural design projects that align with the school's academic platform. Involvement in these projects in their spare time, allows the teachers to contribute much expertise to the urban construction of Shenzhen and other areas. Meanwhile they have also gained much valuable experience and improved teaching and research levels at the University.

The early design projects were mostly related to construction of Shenzhen University. Shenzhen University at that time was just in the preliminary stage of construction, and all the teachers actively devoted themselves to the construction of their own school in order to build the campus as soon as possible. Through the mutual endeavor of teachers and students, from overall planning to individual building, the very distinctive architectural complexes of Shenzhen University campus were designed and built. The most influential of these designs, the Campus Planning of Shenzhen University (in 1985), was awarded the second prize of Excellent Designs of China Education Buildings, and also the excellence award of China for Contemporary Environmental Art Design. Shenzhen University Performance Center was awarded the Architectural Creation Prize by the Architectural Society of China, and the second prize in Excellent Survey and Design by the Ministry of Construction.

深圳市五洲宾馆 1997

深圳市特区报业大厦 1997

深圳海上油田指挥中心 1997

The concepts of planning and design have developed at that time are still significantly influencing campus building today.

In the meantime, teachers of Shenzhen University have actively participated in the urban construction of Shenzhen City, growing together with Shenzhen. In the 1980s, our teachers have designed more than 200 buildings of various types. These typical buildings include: East River Command Center of Shenzhen Power Supply Bureau, Shekou United Hospital, Shenzhen Shangbu People's Hospital, Complex of Guangfa Fund Management Co. Ltd., Wenhua High-Rise Commercial and Residential Building, Zhongyuan Oilfield Exhibition Center, Merchants Hotel, Holiday Apartments of Shenzhen Xiaomeisha Beach Resort, Futian Primary School, High-Rise Dwelling Houses on Shanghai's Jinlin West Road, Shekou Haiwan Garden,etc.

In the 1990s, the teachers of Shenzhen University were not only involved in many major projects in Shenzhen, but also engaged in projects in other cities of China. The characteristic and influential projects in this period include Nanshan Culture and Sports Center, Nanshan People's Hospital, Longhua Bus Station, Wande Mansion, Cinema Mansion, Shenzhen–Hong Kong Building, Yuanping Gymnasium of Shenzhen University, Experimental Complex of Shenzhen Foreign Language School, Library and Science Building of Shenzhen Middle School, as well as Anhui Mansion, Shennan Garden, Cuihai Garden, Nanhai Electric Power Mansion, Guangzhou CTS Commercial Center, Ningbo News and Culture Center, and Shenzhen Caitian Village Residential Quarter.

During this time, many design works of Shenzhen University's teachers were well praised in Shenzhen City and Guangdong Province, and even won many awards, some of which were influential throughout China. For example, Shekou Primary and Middle Schools won the excellent prize of the first Architect Trophy Excellent Design for All China Medium and Small-Scale Buildings; while Shenzhen Special Zone Press Tower, Shenzhen Wuzhou Guest House and Ningbo Culture Center won the Excellent Survey and Design Prize conferred by the Ministry of Construction. Shenzhen Vanke Wonderland (Phase I) topped the list in the appraisal of Demonstrative Residential Quarters for the National Housing Project for Low-Income Families in 1999. All these awarded works have ever attracted wide public attention.

In major international contests, Shenzhen University's teachers have also performed well with striking design capabilities. In 1998, Beijing held the first open contest with great international influence—the Design Contest for China's National Grand Theatre. The design scheme from Shenzhen University stood out from more than 50 candidate schemes from China and abroad, and gained the most public ballots. Shenzhen University was one of the nine designers that qualified for the second round and the only domestic designer not partnering with foreign counterparts.

Into the 21st century, with more efforts put into building the architecture course, teaching and research capabilities have been enhanced. The design practices of teachers from Shenzhen University are more closely integrated with teaching and research; many creative design practices are somewhat academic and explorative, and Shenzhen University has formed its own distinctive expertise in high-rise buildings, campus buildings and residential buildings.

In the high-rise building sector, Shenzhen University is a member of the Council on Tall Buildings and Urban Habitat (CTBUH). Teachers, basing their work on design practice, have edited and published a number of monographs such as Design of Complex High-Rise Office Buildings, High-Rise Buildings in Japan, Developing Trends of High-Rise Buildings in Japan, and High-Rise and Super High-Rise Congregated Houses. High-rise and super high-rise buildings such as Fujian Industrial Bank Tower, Kempinski Hotel, Yinxin Center, Shenzhen Changsheng Mansion, SZU Science & Technology

深圳万德大厦 1997

国家大剧院 1998

深圳大学师范学院 1998

Building, and the Hotel and Office Building of Yantai world Trade Center were designed by our teachers. Another project, the Baoneng Super High-Rise Building Complex in Shenyang (currently in process) is up to 518 meters high. Shenzhen University has developed high-level research capabilities and achievements as well as significant practical work with certain influence in this sector.

The campus building is one building type most familiar to teachers of Shenzhen University. Its design has been further developed over the past decade or more, and many influential design works have been designed and built. Examples include SZU College of Architecture & Unban Planning, the Library Continuation of Shenzhen University (phase II), Comprehensive Teaching Building of Normal School of Shenzhen University, Library of Dongguan Institute of Technology, Guangdong University of Foreign Studies Library, the No. 5 Teaching Building of Shanghai Songjiang University Town, Shenzhen Futian Foreign Language School, Shen Wai International School, Complexes and Dormitory Buildings of Shenzhen Institute of Information Technology, SZU South Campus Students Apartments, Science & Education Center of Guangxi Institute of Technology, and Chenjing Student Apartment of Shenzhen University, etc. The creation of many of these designs is explorative and forward-looking, with innovative approaches to regional climate impact strategy, spatial organization and individualized learning and living environments. After years of efforts by numerous teachers, in 2010, the Architectural Complex of Shenzhen University was rated by Shenzhen City as one of top 10 most influential buildings in Shenzhen Special Economic Zone in 30 years.

With regard to residential projects, in response to rapid urbanization, Shenzhen University's teachers focus on Shenzhen and the Pearl River Delta, and have achieved a series of successful outcomes in theoretical research and design practice in such sectors as residential buildings in subtropical areas, luxury dwelling houses, high-density dwelling houses, and so on. These successes are seen in: Shenzhen

Golf Garden Phase I, Shenzhen Vanke East Coast, Shenzhen Henggang City View, Shenzhen Vanke City, the Galaxy Dante, Valley in Hillside, China Overseas, Zhongshan Vanke City Views, Shenzhen Jinhong Triumphal City, Kaisa Waterfront New Town, Provence Garden in Nanning of Guangxi, Xinyuan Garden in Henan, Wanda Splendid Mansion in Nanchang and so on. These projects were mostly carried out for research topics related to the National Natural Science Foundation, Science and Technology Projects supported by the former Ministry of Construction, etc. They have won dozens of national, provincial and ministerial awards, and continue to have considerable influence and exemplary significance in the dwelling house planning and design sector.

With such a favorable university environment, Shenzhen University's teachers have formed alliances and collaborated in various ways with famous foreign architectural design firms and research agencies. In the early 1990s, Shenzhen University even co-operated with American firm, Skidmore, Owings & Merrill LLP to design the 88-storey Shenzhen Foreign Trade Service Center, China's tallest building at that time, and won the bid in international competition with one attempt. The projects jointly designed and built in the past few years include Shenzhen Sinolink Mangrove West Coast, Shenzhen Vanke Tianqin Bay, and the Paradise of Vanke (Phase III), etc. Such co-operation further deepens the academic exchange between Shenzhen University and foreign design and research agencies, which results in an academic atmosphere characterized by frequent information exchange.

With teachers' efforts, the architecture course at Shenzhen University has won more than 40 national, provincial and ministerial excellent design awards in the past decade or more, including one bronze prize of All China Excellent Engineering Design; one Tien-yow Jeme Civil Engineering Prize; four gold prizes for residential quarter design of Tien-yow Jeme Civil Engineering Prize; one silver prize of Architectural Design Grand Prize for Mainland China, Hong

深圳万科四季花城 1999

广州中旅商城 1999

南海电力大厦 1999

Kong, Macau and Taiwan by the Hong Kong Institute of Architects; one second prize and two third prizes of Excellent Project by the former Ministry of Construction; two second prizes and one third prize of Excellent Engineering Survey and Design Industry in China; five Good Work Prizes of Architectural Creation by the Architectural Society of China; nine first prizes, eight second prizes and five third prizes of Excellent Engineering Survey and Design in Guangdong Province; one silver prize of Excellent Design of Lingnan-Style Buildings in Guangdong Province; four excellence awards and six Good Work Prizes of Guangdong Architectural Creation.

Over three decades since its establishment in 1983, the architecture teachers from Shenzhen University, with proactive and committed attitude, have created a great number of excellent architectural design works through the platform of alliance among practice, education and research; many of their works have been well praised by their peers. The Selected Works by Architectural Faculty Members of Shenzhen University, edited and published at this time, consists mainly of selective built projects since 2000. These works are not all-inclusive and complete, and many chapters are to be improved. When compared with many other projects throughout China, they are simply trivial and not worth bragging about. However, they do reflect the overall capability and academic pursuits of Shenzhen University's teachers. Meanwhile, they also show that the mechanism of an alliance among practice, education and research has continued to play its important role in research, design innovation, teaching quality improvement, and integration between theory and practice.

This book was edited and published to mark the occasion of the 30th anniversary of Shenzhen University, and so we would like to present it as a congratulatory gift at this event.

CONTENTS
目录

Fujian Industrial Bank Tower, Shenzhen City Center

深圳市中心区福建兴业银行大厦

建 设 单 位：正先投资有限公司
项 目 地 址：深圳市中心区 CBD23-1 地块
项目负责人：陈佳伟
设 计 团 队：陈佳伟、马航
设 计 时 间：2001 年
竣 工 时 间：2003 年
建 筑 面 积：43963 ㎡

Client: Zhengxian Investment Co. Ltd.
Location: Futian CBD, Shenzhen
Principle: Chen Jiawei
Team Members: Chen Jiawei, Ma Hang
Design Period: 2001
Completion: 2003
Gross Floor Area: 43963 ㎡

标准层平面

四至九层平面

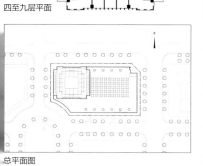

总平面图

建筑得以立足的意义在于以适宜的方式营造符合某种行为活动和心理需求的系列场所。这样的场所自身是自足的，也是与周边环境相容的、互动的和共生的。对于建筑和城市的关联互动正是都市型建筑创作的当然限制条件和构思来源。地处深圳市中心区的兴业银行大厦正是在这样的限定条件下生成的。

兴业银行大厦位于深圳市中心区CBD23-1地块。深圳市中心区22、23-1街坊的城市设计以提高环境品质、提高交通效率、提高土地价值为目标。街区细分的13个开发地块围绕两个小型社区公园布置。要求单体建筑在主要街道以裙房形成连续街墙(Street wall)和设置底层连拱廊（Continuous Arcade），同时对建筑体量、退线、用材、虚实比例等也作较严格的限定。这样的设计导则旨在统一街区特征，丰富城市街景，提升公共开放空间活力，并且恰当地适应了岭南的气候特点。

项目基地位于深圳市中心区CBD23-1地块北侧，紧邻北侧的深南大道，东北角的视野可远眺莲花山、深圳市市民中心、市民广场和水晶岛，是中心商务区段在深南大道城市空间界面和街道景观的重要组成部分。地块西南角正对社区公园，视野可穿过公园面向福华一路开阔地带。

在总体布局设计中充分把握两个基本原则，其一是周边景观资源最大化利用，其二是与相邻地块及社区公园等互动形成富有活力的城市开放空间。将占大厦主要使用空间的塔楼设在地块西端，以便充分享受深南大道城市主轴、西南侧社区公园景观，把良好的景观视野引入室内。塔楼主入口设在地块西南侧正对社区公园，并以连拱廊向西、向北延伸，与西侧商业入口、北侧辅助入口、北侧银行营业厅入口相连，使之浑然一体，联系方便又分区清晰。

街墙是优美的街道环境的重要构成要素。大厦的建筑底部沿地块周边设置连续完整的街墙，与西、南侧相邻建筑共同构成尺度宜人的街道空间。街墙沿人行道布置，明确了城市开放空间的界限。这正是南方地区传统街巷空间在当代都市尺度里的再现。建筑成为活跃城市公共空间的重要构成元素。

连续的拱廊加强建筑内外的互动和共生关系，统一建筑的界面特征。沿西南侧、西侧及北侧设置高达10m的连续拱廊，柔化建筑与外部城市空间的界限，活跃街头气氛，增强开放空间的活力，对应岭南地区的气候特点。

建筑作为完整的城市街区的有机组成部分，其体量控制呼应于不同城市尺度的要求。塔楼设在基地西侧直接面向城市开放空间，呼应深南大道和社区公园的城市尺度。塔楼中间体量以及顶部区则作适度的后退收分，体现视觉过度，并协同周边建筑形成整体的街区体量控制特征。

作为商务区的整体街区特色，街坊城市设计对各建筑单体外表皮建筑材料使用有较详细的规定。街坊城市设计原则旨在保证社区协调统一，建立鲜明街区特色，同时也鼓励建筑单体的形式多样化。

兴业银行大厦的设计在遵循城市设计指引的前提下，也尝试建筑个性的表达。作为地处CBD的金融业楼宇，整体、端庄而又简洁明快是我们对大厦的形象定位。大厦基座以石材饰面和连续石柱廊为主体，营造稳定感和可依托性；塔楼主体立面中间部位以透明玻璃与中灰铝板相间形成虚体，两侧以反光玻璃与浅灰铝面组成实体，结合浅色双向遮阳系统，建立端庄而不失明快、简洁又不失细节的形象特征。

SZU College of Architecture & Urban Planning

深圳大学建筑与城市规划学院院馆

（原：深圳大学建筑与土木工程学院院馆）

建设单位：深圳大学

项目地址：广东省深圳市南山区

项目负责人：龚维敏、卢旸

设计团队：龚维敏、卢旸 等

设计时间：2000 年

竣工时间：2003 年 1 月

建筑面积：12300 ㎡

Client: Shenzhen University

Location: Nanshan District, Shenzhen, Guangdong Province

Principle: Gong Weimin, Lu Yang

Team Members: Gong Weimin, Lu Yang, etc.

Design Period: 2000

Completion: January 2003

Gross Floor Area: 12300 ㎡

总平面图

学院包含建筑系、规划系、土木系三个主要教学系及建筑设计研究院、《世界建筑导报》社等生产、科研机构。设计首先是对学院复杂的机构用房及利益关系的系统化组织，使"教学"、"生产"、"科研"的关系得到清晰的表达。设计的另一关注点是营造纯净而具有超验品质的建筑空间，产生与校园精神有内在联系的场所体验。

教学、教研、设计院对应着三个明确的建筑体量，它们在平面及空间上形成了互为构成关系的体量组合。三个体量之间以敞廊、桥、平台相连，形成三个互相贯通的室外空间。这些院子、平台分别在不同的方向上向外部开敞，从外可"看穿"内部，而外围景观也总是叠加到内部的景框中。

三个主体量内部都有各自的中心空间。这些中心空间使得各个区域获得了标志性的场所氛围。联系各个区域的敞廊是空间系统中的活跃因素，除了交通的作用，还是观望、休息、交流的去处。

在不同的区域间建立视觉对话是空间设计的一个想法。各个主要空间有着各自的主要开敞面，与其他空间"对话"。教学区的平台大厅与设计院的弧墙及东向的树林互相对照；设计院大厅透过西侧大片玻璃窗对应着教研区的内庭及南北敞廊和内院空间；沿建筑南北向中轴，北部的敞廊平台与南部教室区及架空平台层也有着视线的对应。空间的对话建立了心理的关联感，"教"与"学"、"系"与"院"、建筑与景观、校园与城市的关系得到了空间的表达。

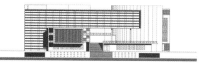

南立面

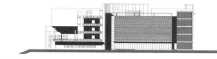

东立面

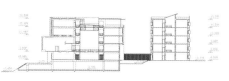

剖面图

SZU Science & Technology Building
深圳大学科技楼

建 设 单 位：深圳大学
项 目 地 址：广东省深圳市南山区
项目负责人：龚维敏、卢旸
设 计 团 队：龚维敏、卢旸、邓德生、胡清波、董建辉、
　　　　　　陈平、丁咏冬
设 计 时 间：2000 年
竣 工 时 间：2003 年 11 月
建 筑 面 积：41500 ㎡

Client: Shenzhen University
Location: Nanshan District, Shenzhen, Guangdong Province
Principle: Gong Weimin, Lu Yang
Team Members: Gong Weimin, Lu Yang, Deng Desheng, Hu Qingbo, Dong Jianhui,
　　　　　　　　Chen Ping, Ding Yongdong
Design Period: 2000
Completion: November 2003
Gross Floor Area: 41500 ㎡

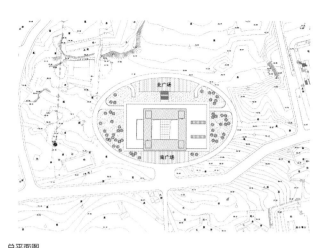

总平面图

深大校园中心区的北侧区域已规划为新的学院区，科技楼的位置正处在新区与中心区的交界部位。它与周边建筑有大片的树林相隔，形成新区、旧区建筑环绕科技楼的总体格局。处于中心位置及其高层体量，使其成为整个校园的标志。这是一个独自站立在中心，而与各个方向的周边建筑远距离对话的房子，它需要一个自成一体而各向均质的体量造型。我们采用的是一个各向约53m的立方体，四边开大洞口，内部含向上生长状的玻璃塔。主体塔楼采用"日"字形平面，中央玻璃筒为交通及公共活动空间，周圈为科研、教学用房。四个大洞口跨度30m，提供了四个空中花园平台及丰富的内部空间变化，也让自然风获得了顺畅的通道。下部裙层中含有三个报告厅、展览厅等内容。裙房外围设计了周圈的敞廊空间，并以铝百叶帘"包裹"，形成"半通透"的界面，对建筑的空间及外围的风景进行了重新的定义，并体现出亚热带建筑的特点。主体建筑采用钢筋混凝土结构，中央玻璃筒为钢结构，外墙开口上部采用劲性混凝土空腹桁架结构。

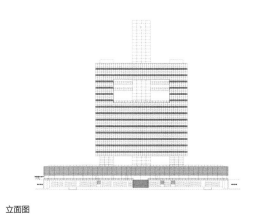

立面图

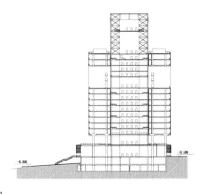

剖面图

Shenzhen Henggang City View
横岗城市中央花园

建设单位：卓越集团
项目地址：深圳市龙岗区横岗中心区
项目负责人：覃力
设计团队：覃力、雷美琴、赵阳、颜奕填
设计时间：2001年10月
竣工时间：2003年5月
用地面积：44140.60 ㎡
建筑面积：66397 ㎡

Client: Excellence Group
Location: Henggang,Longgang District, Shenzhen
Principle: Qin Li
Team Members: Qin Li, Lei Meiqin, Zhao Yang, Yan Yitian
Design Period: October 2001
Completion: May 2003
Site Area: 44140.60 ㎡
Gross Floor Area: 66397 ㎡

总平面图

横岗城市中央花园位于深圳市龙岗区横岗镇的中心区，地处深圳关外，距深圳市中心较远，区域位置对于地产开发来说并不十分有利。然而，横岗城市中央花园的建设，却以其高水准的设计和高品位的建筑环境质量，成为深圳市外围地区最为成功的居住社区开发范例之一。设计内容包括多层住宅、商场和办公酒店。

横岗城市中央花园的规划布局采用多重院落式的半围合布局形式，整个社区由四个风格各异的半封闭院落和一个有泳池、水景和广场的中央主庭院组成。四个居住院落最窄处超过30m，中央主庭院的进深更是超过了120m，形成了"大院套小院"、"院中有院"、"院院相连"的格局。

这种空间结构，借鉴了东方建筑群体空间相互渗透、相互交融的组织方式，以及西方的围合式街区的布局形式，十分有效地在保障1.6高容积率的前提下，为社区环境留出了更多的空地，利于下一步的景观创造，提高整体空间环境的品质。多重院落之间的建筑底层还设置了架空层，以加强庭院空间之间的相互流动和空间情趣，同时，架空层也很自然地成为庭院中的休闲场所，便于邻里之间的交往，有利于创造亲切感和居住氛围。

建筑的造型形式直接关系到社区的形象问题，由于开发商提出要以"新古典主义"的建筑形式来体现建筑的"高贵感"，而对外装修材料的价格又严格控制，所以，我们便针对深圳亚热带气候的特点，参照美国南加州的建筑风格进行设计。为了避免过于古典，抓住"新古典主义"的"新"字，结合现代建筑的一些设计手法，将自己的建筑感觉融入设计之中，尽量运用比较地道的建筑处理手法来表现一种清新典雅的建筑形象。我们在建筑设计中，还特别注重对建筑比例的推敲和细节的设计，外装修则采用大面积涂料，局部使用砂岩，以最普通、最廉价的建筑材料创造出了高档次、高品位的建筑造型效果。

横岗城市中央花园的社区环境创造，以"园林化"和"人性化"为目标，景观与建筑紧密结合，形成了一个有机的整体化的空间环境。绿化、水景和建筑底部架空层的设计，融合了中国园林和西方园林的经典手法，地形高低起伏的变化，也增添了不少耐人寻味的空间情趣。尤其是人行出入口广场和拱门的设计，我们以现代的处理方式将西方古典的"门"的概念表现出来，使整个社区拥有了"典雅和高贵的气质"。拱门内长达200m的金棕榈迎宾道，利用围墙、花钵作为点缀，两旁的绿化更是花团锦簇、迤逦绵延，给人以感观上的震撼。迎宾道的尽端是社区的会所，这里也是社区的中央主庭院，拥有泳池、溪水、休闲广场和跌水瀑布，我们运用西方宫廷园林与现代景观处理手法相结合的方法，将环境景致推向了高潮，使整个社区的品质大大提升。

Yantian District Administration & Cultural Centre, Shenzhen
盐田区行政文化中心

建 设 单 位：深圳市盐田区政府基建办
项 目 地 址：深圳市盐田区沙头角
项目负责人：杨文焱
设 计 团 队：王鹏、马越、赵勇伟、姚小玲、
　　　　　　施国平、钟中
设 计 时 间：2000 年
竣 工 时 间：2004 年
用 地 面 积：66114 ㎡
建 筑 面 积：83352 ㎡

Client: Civil Construction Office of Shenzhen Yantian Government
Location: Sha Tau Kok, Yantian District, Shenzhen
Principle: Yang Wenyan
Team Members: Wang Peng, Ma Yue, Zhao Yongwei, Yao Xiaoling,
　　　　　　　　　Shi Guoping, Zhong Zhong
Design Period: 2000
Completion: 2004
Site Area: 66114 ㎡
Gross Floor Area: 83352 ㎡

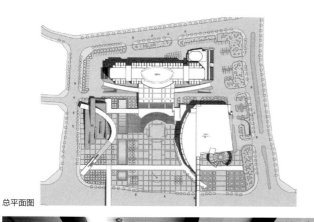

总平面图

深圳盐田区行政文化中心由政府、法院和检察院的办公用房，一个集多种功能的文化中心，一个城市建设成就展厅，以及由这些建筑内容构成的市民广场组成。设计希望在"同时态"的城市环境中，通过使用的整合、并置的布局以及内敛的空间品质建立特定条件下的一种城市中心形态或秩序。按使用性质将建筑分为三个独立的单体，即由政府、法院和检察院办公组成的行政大楼，由文化馆、图书馆、会堂等组成的文化中心，以及城市建设成就展厅。三个单体建筑在实际形态上脱离周边建筑环境，依据自身的使用内容以单纯的几何体构成，不分主次，相互独立，自然围合广场，形成非对称、非主从、非关联的并置。建立建筑自身内向的高品质使用环境和外显形态，以视觉形式上的根本性变化明确标示建筑的内外界限；设置建筑与城市之间的过渡区域，增强进与出的感觉，增长内与外的深度；内部空间组织均围绕一个核心布局，形成向心的内敛，使其在应有的正常状态下或区别于外界的地方开展。通过强调使用形式的特性、非关联并置的布局、整体性的材料设置，达到一种自明的状态。

Kempinski Hotel, Shenzhen

深圳凯宾斯基酒店

建 设 单 位：深圳市森森海实业有限公司
项 目 地 址：深圳南山区
项目负责人：黎宁
设 计 团 队：黎宁、夏春梅、王鹏
设 计 时 间：2001 年
竣 工 时 间：2004 年
建 筑 面 积：70000 ㎡

Client: Shenzhen Sensenhai Industrial Co.Ltd.
Location: Nanshan, Shenzhen
Principle: Li Ning
Team Members: Li Ning, Xia Chunmei, Wang Peng
Design Period: 2001
Completion: 2004
Gross Floor Area: 70000 ㎡

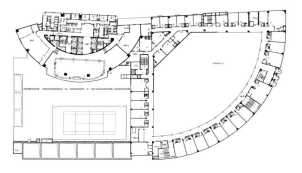

五层平面图

深圳凯宾斯基酒店位于深圳市南山区商业文化中心区。基地南面为多层娱乐中心，西面为高层办公楼，凯宾斯基酒店是南山区商业文化中心的重要建筑之一。本工程包括三大使用功能：即旅馆、餐馆和商场，甲方要求此三部分功能应能独立经营。平面布局将人流较多的商场布置在一、二层，入口设在靠南面的步行街。酒楼布置在东南角。弧形的外形使位于三、四、五楼的酒楼能获得更多的海景。三层为酒楼的歌剧院式大餐厅，可容纳千人进餐。四、五层为包房。包房外走廊做成众多半圆形挑台，可观看三层的文艺表演。塔楼酒店平面为内筒外框的半圆形，客房布置在筒周围，南边为半圆，北边为直线。北边直线为了能获得更多东面的海景，把窗做成锯齿形，南面半圆能使更多客房获得好朝向和景观。主楼高25层。凯宾斯基酒店是五星级酒店，在设计过程中曾多次得到凯宾斯基酒店集团的咨询意见，入口大堂为一、二两层通高，正对大门是一面弧形浮雕装饰的墙面，距入口近30m，一层设有总服务台、大堂吧、休息厅及商店、行李房等。二层设咖啡厅；三层设大宴会厅；四层设餐厅、商务中心、行政办公室；五层设健身俱乐部和恒温游泳池，并利用屋顶设网球场和屋顶花园；六至二十四层为标准双人客房，每层有客房22间；二十五层为咖啡厅。地下一层为酒店及酒楼的职工餐厅、更衣、储藏、维修间、洗衣房、垃圾房等及车库；地下二层为水、电、空调设备用房及车库。

Library of Dongguan Institute of Technology

东莞理工学院松山湖图书馆

建 设 单 位：东莞理工学院新校区筹备建设领导小组办公室
项 目 地 址：广东省东莞市松山湖
项目负责人：龚维敏
设 计 团 队：龚维敏、卢暘、邓德生、高文峰、余勇、
　　　　　　 杨钧、胡清波
设 计 时 间：2002 年
竣 工 时 间：2004 年 9 月
用 地 面 积：6380 ㎡
建 筑 面 积：24700 ㎡

Client: Preparatory Office, New Campus of Dongguan Institute of Technology
Location: Songshan Lake, Dongguan, Guangdong Province
Principle: Gong Weimin
Team Members: Gong Weimin, Lu Yang, Deng Desheng, Gao Wenfeng , Yu Yong,
　　　　　　　　 Yang Jun, Hu Qingbo
Design Period: 2002
Completion: September 2004
Site Area: 6380 ㎡
Gross Floor Area: 24700 ㎡

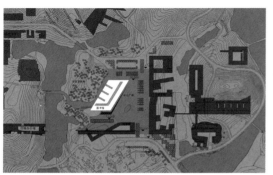

总平面图

西南立面

东北立面

理工学院松山湖新校区的建筑划分为12个项目，分别由国内青年建筑师承担设计。校园建于丘陵地带，有着丰富的水系和树木。

图书馆位于校园中心区的中央，它与东侧的主教学楼及南面的经管系馆形成群体组合，围合出校园中心广场，同时它又处于包括西南侧的行政办公楼、西侧的剧场及学术交流中心等更大范围的校园公共建筑群的中心。在这样的总体关系及基地地形走向的条件下，采用了简洁的平行四边形建筑体量。建筑周圈设有2层高的敞廊，这将是校园中富有活力的交往、活动场所。建筑一、二层采用透明玻璃，追求视觉上的透明性，将西侧的自然树林景观与东侧的人工广场联系起来。利用地形形成大台阶基座，使建筑东、南侧获得更为明显的仪式性特征。建筑的内部采用"街道式"的空间组织形式，光线可进入建筑的内核处，为阅览座位提供良好的采光。

"内街"又是景观通道，将西侧的自然景色引入空间的深处。建筑南北立面采用带小窗的混凝土墙体，东西向为双层构造，内侧为推拉窗，外侧为铝百叶帘，起到遮阳、防眩光的作用，同时也体现出南方建筑轻快、通透的品质。

Shenzhen Experimental School (Primary)
深圳实验学校小学部

建 设 单 位：深圳市教育局
项 目 地 址：深圳市福田区红荔路 2006 号（妇儿医院西侧）
项目负责人：钟中、高青
设 计 团 队：钟中、高青、钟波涛、殷子渊
设 计 时 间：2002 年 4 月 ~2004 年 3 月
竣 工 时 间：2004 年 6 月
用 地 面 积：20751.2 ㎡
建 筑 面 积：14498.6 ㎡

Client: Shenzhen Education Bureau
Location: No. 2006 Hongli Road, Futian District, Shenzhen (West of Shenzhen Women and Children's Hospital)
Principle: Zhong Zhong, Gao Qing
Team Members: Zhong Zhong, Gao Qing, Zhong Botao, Yin Ziyuan
Design Period: April 2002 - March 2004
Completion: June 2004
Site Area: 20751.2 ㎡
Gross Floor Area: 14498.6 ㎡

总平面图

三层平面图

创作主题：围绕都市高密度下"城市型小学"的理性思考而展开，在充满条件限制的矛盾和挑战下，寻求项目综合"平衡"的创作构思。

条件限制：本项目作为深圳市政府当年十大"民心工程"，位于福田区较成熟的百花片区，周围高楼林立，旧区交杂，城市空间挤迫。工程需在"保留原有小剧场、田径场，保护两株百年古榕树"的限制条件下，原地重建教学楼且规模增加近一倍。

创作难点：设计创作中，在城市层面上整合开放空间，修补街墙界面，营造街道景观，以"谦让"的态度与周边混杂的环境融洽共存，有机结合且良好对话，同时在有限的投资条件下，尽最大可能满足学校方近乎"无限"和"苛刻"的功能需求，在用地不变的前提下解决因为大幅度扩大规模而带来的空间和面积极度紧张的矛盾。

设计构思：本工程注重整体性，延续了深圳实验学校建校以来始终遵循的"底层架空、庭院围合、蓝白基调"的传统脉络，强调建筑的逻辑语言，采用构成手法及红黄蓝三原色对比以体现现代感，讲求空间塑造及其空间序列的层次感，西侧集会广场与田径场在城市开放空间形态上与实验学校初中部的校园开放空间遥相呼应，"连"成一体，既自我营造了良好的校园氛围，也为拥挤的城市留出宝贵的"呼吸空间"。

整体布局：三排教学楼南北朝向板式布局，按不同功能作动静分区，与东西向的辅楼围合形成南侧开放式绿化广场和北侧封闭式内院，空间开合有别，相互对比；外廊与庭院之间设置多道片墙界面，提供良好的隔声减噪功能，并创造光影丰富、变化有趣的空间体验；北楼向西北延伸与保留小剧场相接，通过层层连廊和顶部构架形成新旧统一的整体；广泛采用10m×10m单元模式，便于今后功能调整和灵活布置。

技术措施：本设计顺应了深圳地区亚热带海洋性湿热气候特征，底层大面积架空以利通风，建筑在多方向的开口拔风形成穿堂风，营造舒适的内部小气候；外墙在不同方向分别采用不同遮阳方式，设置多种遮阳板与遮阳格栅也丰富了立面效果；利用风道原理在遮阳板与外墙之间留有上下连通的空气夹层，形成自然的隔热与散热循环；西向设置了层层的大进深走廊，形成"自我遮阳"效果以降低西晒的影响，大面积屋顶花园和屋顶阳构架，有利于减少建筑吸热量。

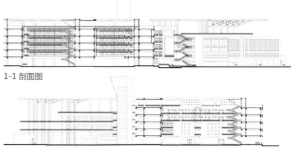

1-1 剖面图

2-2 剖面图

南立面

东立面

北立面

西立面

Guangdong University of Foreign Studies Library
广东外语外贸大学图书馆

建 设 单 位：广东外语外贸大学
项 目 地 址：广州
项目负责人：殷子渊、黄莘南
设 计 团 队：殷子渊、黄莘南
设 计 时 间：2001 年
竣 工 时 间：2004 年
用 地 面 积：23510 ㎡
建 筑 面 积：22000 ㎡

Client: Guangdong University of Foreign Studies
Location: Guangzhou
Principle: Yin Ziyuan, Huang Xinnan
Team Members: Yin Ziyuan, Huang Xinnan
Design Period: 2001
Completion: 2004
Site Area: 23510 ㎡
Gross Floor Area: 22000 ㎡

广东外语外贸大学图书馆设计是设计师进行项目整体设计的成功案例。它意味着除了常规的建筑设计任务外，室内设计方案由建筑设计师完成，景观方案由建筑设计师参与完成，现场配合深入细致，因此该项目获得中国建筑学会建筑创作佳作奖也就顺理成章。风景优美的白云山下，广外校园绿树参天，新图书馆在配合了原有校园主色调的基础上，提供了丰富的室内外不同高度的空间交流，向学子们展示了全新的建筑空间体验。其中最具特色的就是以白云山为背景的中庭，上部由建筑师亲自进行形态调整的钢结构屋架成为室内空间一大亮点。

Zhongshan Vanke City Views Design
中山万科城市风景规划设计

建 设 单 位：中山万科置业有限公司
项 目 地 址：中山市市南区
项目负责人：曹卓、傅洪
设 计 团 队：曹卓、傅洪
设 计 时 间：2004 年
竣 工 时 间：一、二期于 2005 年 3 月建成
建 筑 面 积：508555 ㎡

Client: Zhongshan Vanke Real Estate Co.,ltd
Location: Shinan District, Zhongshan City
Principle: Cao Zhuo, Fu Hong
Team Members: Cao Zhuo, Fu Hong
Design Period: 2004
Completion: March 2005 (Phase I & Phase II)
Gross Floor Area: 508555 ㎡

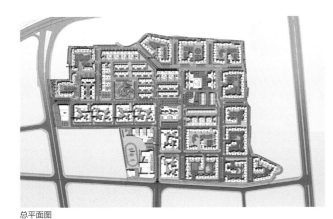

总平面图

项目地块位于中山市南区的中心区，北部与石岐区、东区相近，周边公共服务设施配套齐全。该片区北临建设中的外环路，西近穿越南区中心区的城南路，南临干道文化路，地理位置优越，交通极其便利。总用地面积为34800㎡，基地地形较平坦、绝对标高在1.90~2.52之间，是较为理想的居住建筑用地。项目总建筑面积508555㎡，其中包括配套商业、小学、幼儿园、餐厅等公共建筑，3~5层的合院式住宅，5~9层的单元式住宅，12层的情景花园洋房，3层的Townhouse，16层的点式住宅。项目的一、二期于2005年3月建成。

"万科城市风景"规划设计本着"创新、特色、精品"的原则，力求为小区营造一种恬逸的生活气息。着重社区文化的氛围，创造和睦的邻里关系，提高社区的生活品质，力求在中山市场上推出有竞争力的、融生态环境与城市人文为一体的特色社区楼盘。

在基地中心设计了公园绿地，创造独特的生态环境，使整个小区整体生活空间具有鲜明个性。公园绿地——组团绿地——宅前绿地，层次丰富的绿化空间使小区环境更具特色，充满灵气。

突出居住环境自然化，通过规划、单体设计及环境园林的细部处理，努力尝试为居住者，尤其是老弱病残者提供便捷的通行系统和舒适安全的休憩空间。

规划设计中充分考虑地形现状，并结合周边环境，以"L"形核心路+内环路形成整个小区的主要道路骨架。并引进了"双街"的设计理念，将城市街道的空间感觉向纵深方向引进小区，赋予小区现代城市的"城中城"感觉。沿"L"形核心路的"双街"布置了3~5层的充满地中海风情的合院式住宅。这种宜人的尺度更加增加了城市空间的魅力。"L"形核心路节点布

置了高层区，起到"画龙点睛"的作用。典型的传统组团沿外环路周边布置。

突出以人为本的理念及关注现代居住模式的发展。由于"城市风景"居住规模较大，居住群体面向普通市民，所以在规划设计中，强调以人为本的理念，特别注重街区邻里空间、社区交流空间、居住组团庭院空间、休憩娱乐空间及社区中心、购物步行系统等与人们日常生活概念有关的空间结构规划。

整个小区的交通组织主要通过"L"形核心路+内环线到达各个组团空间，组团住户通过该路线到达就近停车场，再经过步行道路回到家中（部分组团可直接停放于地下车库）。整个道路系统明了清晰，交通组织井然有序。

为适应未来高尚小区发展的趋势，本规划设计对以后小区物业管理模式给予了充分的关注。将小区内空间按私密度划分为以下三种领域：1）社区空间——纯公共领域，供人们停留交往，主要包括"双街"、社区公共绿地等。2）组团空间——半私密空间，车辆禁行，步行者可入。3）私家花园——私密空间，主要设置于住宅首层，私家庭院空间。小区围墙设红外线扫描监视系统，步行道入口及街坊组团入口采用住户磁卡，有效控制外来人员进入，提供安全可靠的居住环境。

小区住宅外立面造型采用的手法可归结为"简洁、有序、韵律、现代"的特点。屋顶形式为坡屋顶，与现代构成主义设计手法相辉映。映托出统一中有变化，变化中出特色的丰富而有序的造型特色。而单体造型细部处理，结合平面功能要求，使建筑造型更加生动。

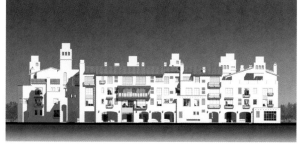

Shenzhen Mangrove West Coast
深圳红树西岸

建 设 单 位：红树西岸地产公司
项 目 地 址：深圳湾填海区
项目负责人：高青、陈佳伟
设 计 团 队：高青、陈佳伟、钟中、赵勇伟、马航 等
合 作 设 计：美国 ARQ 建筑师事务所
设 计 时 间：2001 年 11 月 ~2003 年 8 月
竣 工 时 间：2006 年 03 月
用 地 面 积：75101.8 ㎡
建 筑 面 积：332664.53 ㎡

Client: Mangrove West Coast Real Estate Company
Location: Reclamation Area of Shenzhen Bay
Principle: Gao Qing, Chen Jiawei
Team Members: Gao Qing, Chen Jiawei, Zhong Zhong, Zhao Yongwei, Ma Hang, etc
Joint Design Firm: Arquitectonica International Corporation
Design Period: November 2001-August 2003
Completion: March 2006
Site Area: 75101.8 ㎡
Gross Floor Area: 332664.53 ㎡

本项目是探讨高密度背景下城市滨海居住生活模式的一次全新实践。

总体规划层面，在高容积率背景下，创造性地采用三栋错落布局的折线形板楼，既充分利用了项目周边独特的海景和高尔夫球场资源，也以城市尺度的起伏转折，创造了向海岸线开放的城市界面。同时在居住区地面创造出"公园"式居住开放空间，各种公共服务配套设施点缀其中，塑造出极富滨海生活气息的高品质内部居住生活空间。居住区地面空间设置在整体抬高的平台上，有效减少周边城市交通对内部居住生活的干扰，也保证即使最低层的住户也可越过周边廊与更深远的景观对话。平台下为景观通风地下车库和公共配套服务设施。为改善地下车库自然通风与采光的条件，除将车库设在地面层和地下一层外，还结合园林景观设计了26个大小不等的椭圆采光井和一个斜坡式下沉活动广场，极大地改善了车库的空间品质和降低了能耗。

建筑形态层面，通过对板式建筑顶部的灵活错落处理，形成项目整体高低起伏的建筑轮廓线，有效削弱了板式建筑体量的单调感。建筑表皮以大面积透明玻璃和深灰色面砖为主，形成建筑群沉稳内敛的基调；同时，建筑外立面以层层相错的玻璃阳台、露台及遮阳板形成自由不规则的丰富立面肌理；长短不一的蓝绿相间玻璃栏板组合，形成抽象意义的波浪寓意，在色调上隐喻地域特征，呈现出滨水居住建筑的新形象。

技术深化设计层面，为了观景和户内外空间的进一步渗透，每户所采用的横墙扁柱体系、高层无梁板柱结构体系和层间窗墙体系，使得所有开间内的外墙以及所有阳台均不出现梁体、墙、间间的窗墙体系以及阳台的玻璃栏板确保了景观利用的最大化。同时，结合立面表皮不规则错落的特点，每个户型主要空间外围均设置3m进深的阳台或空中露台作为室内起居空间

的外部延伸，也强化了室内生活与大自然的对话和衔接。

为有效解决层间固体隔声问题，设计结合无梁板柱体系中楼板不同的厚度，填充以挤塑聚苯板、隔声垫从而大大降低楼层之间的固体声传递，提高楼板的隔声效果。

适应亚热带气候的通风节能设计方面，项目户型设计主要采用一梯两户的大进深平面布局，配以多轨阳台推拉门，保证每户均有穿堂风；外立面大面积的阳台、露台以及增强的水平遮阳构件，基本保证了各主要居住空间的遮阳要求，同时，在层间窗墙的下部采用中空双面Low-E玻璃，以有效阻隔南方炎热地区的日晒，降低能耗。

通过与相关专业设计公司的紧密协作，本项目的诸多技术细节设计，如统一安装每户分设的小型户内中央空调系统，确保户内新风，规范及隐蔽空调室外机，户内设置直饮水系统和智能化遥控管理系统等，均体现出对居住生活品质的不懈追求；在层间幕墙系统的排水设计、外阳台玻璃栏板的构造安全性设计，以及每个入户单元入口均设计防坠落棚架等方面，也体现了对住户人性化的设计关怀。

本项目设计阶段尚未实施住宅节能设计审查制度，也缺乏相应的节能软件作为技术支持。但本项目作为一个高端居住小区，从总体规划到单体建筑及技术细节，一直非常重视节能环保设计。总体规划层面，三栋板式塔楼的错落布局、底层架空及塔楼的上下开洞等，保证了整体建筑群的自然通风效果；住宅单体设计层面，注重所有户型的南北通透，玻璃幕墙采用中空双面Low-E玻璃，连续的阳台、玻璃栏板遮阳构件设计，都有效地降低了建筑能耗；景观车库及各层次景观生活平台设计，也在降低能耗的同时提升了项目的整体生活品质。

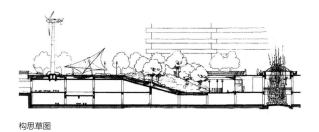

构思草图

Shenzhen BanXueGang Vanke City
深圳坂雪岗万科城

建 设 单 位：深圳市万科房地产有限公司
项 目 地 址：深圳梅林关外龙岗区坂田坂雪岗开发区内
项目负责人：陈方
设 计 团 队：陈方、殷滨、夏春梅、高文锋
设 计 时 间：2004 年
竣 工 时 间：2006 年
用 地 面 积：440000 ㎡
建 筑 面 积：452671.85 ㎡

Client: Shenzhen Vanke Real Estate Co. Ltd.
Location: BanXueGang Development Zones, Bantian, Longgang District,
         Outside Meilin Checkpoint, Shenzhen
Principle: Chen Fang
Team Members: Chen Fang, Yin Bin, Xia Chunmei, Gao Wenfeng
Design Period: 2004
Completion: 2006
Site Area: 440000 ㎡
Gross Floor Area: 452671.85 ㎡

总平面图

规划分析图

本社区基地被一沟谷一分为二，西边相对较为平坦，东部则呈丘陵坡地形态。本设计结合原基地脉络，设计了一条带状人工水系（主系与支系），并将东部坡地游离成多个半岛形。

本设计充分利用基地本身赋予的有利条件及景观要素，尤其是充分挖掘坡谷地题材及沿线绿林的自然资源，通过设计的整合，创造独特的具有"生态坡地生活"特色的优雅乡居环境，并以点状的组团绿地、带状的林荫步道形成贯穿整个空间范围的绿化系统，真正将"花园绿化"实现在每户每家门前。且更多考虑社区的公共开放、城市共享和城市设计等，在设计中尽量使社区商业及公共设施位于人工河的两侧，具有相对的独立性，同时亦成为城市共享的一部分。

该社区组织交通系统采用环状车行，停车到户或组团入口；道路刻意追求曲线型，以利景观及降低车速；人行临水步道及沟谷步道则将街区庭院或私家院落相连，形成完整的步行系统，从而实现人车的平面分离。设计借鉴欧洲城市设计常见的"街区斜线便捷（diagonal shotcut）"理论，利用原有地形中的沟谷，规划了一条斜穿本社区的临水步行商业主轴，沿途贯穿入口城市广场、商业街中心、会所、幼儿园、临水公共步行栈道、河谷公园等，并在设计中力求突出其公共城市界面的特点。这条轴线也成为当地感受本社区生态地貌、水景、商业的共享界面。

本规划拟通过对原有地形加以整合，在保留原有地形脉络的基础上，使之稍加缓和，适合居住建设坡度要求。对设计中的地形控制，为了保护和突出原有山形的轮廓线，建筑采用低层就低，高层居高，通过人工的小尺度来烘托自然生态的大背景。

配套设施建筑（包括小学、幼儿园、商业街中心、会所等），在建筑风格上均采用西班牙式建筑风格，其中小学、幼儿园均紧密结合地形高差，融入了坡地建筑风格。住宅方案基本上均以南北向布局为主，其中多层以围合式为主，花园洋房以行列式为主，建筑风格上采用纯西班牙古典主义的建筑风格，力求高贵而不失亲切。

在平面设计布置上强调客厅、餐厅及主卧室均面向庭园，采用欧式开窗，尤其客厅、主卧、转角窗均面向内庭园，有利于住户交往。尽量布置门厅储藏等过渡空间。住宅朝向以南向为主。在建筑形态和立面设计中，强调细节或节点设计，通过现代材料与构造表达传统线脚，阳台栏杆简练轻巧，并通过一些节点构件，使整个立面形象清新典雅。

Triumphal City • Jinhong

金泓凯旋城

建 设 单 位：深圳市屹海达实业公司
项 目 地 址：深圳宝安新中心区一隅的内港码头区
项目负责人：黎宁、刘尔明、陆剑
设 计 团 队：黎宁、刘尔明、陈高杨、王鹏、夏春梅、
　　　　　　李峰、黄业伟、崔学东、刘远厚
设 计 时 间：2003~2004 年
竣 工 时 间：2006 年
建 筑 面 积：500000 ㎡

Client: Shenzhen YlHaiDa Industrial Company
Location: Inner Harbour Area, Bao'an New Centre, Shenzhen
Principle: Li Ning, Liu Erming, Lu Jian
Team Members: Li Ning, Liu Erming, Chen Gaoyang, Wang Peng, Xia Chunmei,
　　　　　　　　Li Feng, Huang Yewei, Cui Xuedong, Liu Yuanhou
Design Period: 2003 - 2004
Completion: 2006
Gross Floor Area: 500000 ㎡

凯旋城位于深圳宝安新中心区东南角的内港码头区，东北侧紧邻新城大道，东南临中小学用地，西南侧为联系宝安中心区的主要干道——新湖路，规划的地铁一号线从此通过，而西北侧则隔新圳河与新安西路相对。基地西南方向面向海滨，是宝安中心区规划中心重要的景观走廊。方案采用半围合的形式，将居住与商业、停车等功能置于不同层面上处理。同时建筑形式与布局对周围景观及当地气候作出了合理的回应。

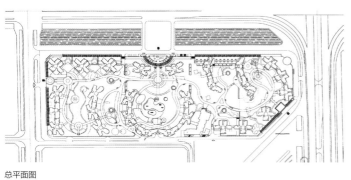

总平面图

Shenzhen Vanke East Coast
深圳万科东海岸

建 设 单 位：深圳市万科房地产有限公司
项 目 地 址：深圳市盐田区
项目负责人：程权、洪勤、许安之
设 计 团 队：程权、洪勤、杜晓钟、许磊、李锋、
　　　　　　邓德生、金珊、张道真、钟波涛、
　　　　　　杨期力、陈娟
合 作 设 计：美国 WATG 公司和美国 SWA 公司
设 计 时 间：2002 年
竣 工 时 间：2006 年
用 地 面 积：268500 ㎡
建 筑 面 积：214800 ㎡

Client: Shenzhen Vanke Real Estate Co. Ltd.
Location: Yantian District
Principle: Cheng Quan,Hong Qin,Xu Anzhi
Team Members:Cheng Quan, Hong Qin, Du Xiaozhong, Xu Lei, Li Feng,
　　　　　　　Deng Desheng, Jin Shan, Zhang Daozhen, Zhong Botao,
　　　　　　　Yang Qili, Chen Juan
Joint Design Firm: WATG & SWA
Design Period: 2002
Completion: 2006
Site Area: 268500 ㎡
Gross Floor Area: 214800 ㎡

万科东海岸位于深圳市盐田区大梅沙片区西北，介于盐坝高速公路与周围的坡地间，高速公路东南为正在开发的以大梅沙海滨公园为主体的休闲、旅游、度假区。本项目占地 268500㎡，总建筑面积 214800㎡，绿化覆盖率 50%。为创造良好的居住环境和生态环境质量，设计中充分利用基地本身赋予的有利条件及景观要素，创造独特的具有 "山地" 特色的 "优雅乡居" 环境，使整体生活空间具有鲜明个性。

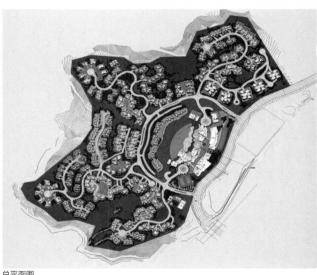

总平面图

Comprehensive Teaching Building of Normal School of Shenzhen University

深圳大学师范学院综合教学楼

建 设 单 位：深圳大学
项 目 地 址：深圳市南山区深圳大学
项目负责人：覃力
设 计 团 队：覃力、颜奕填、李一凡、杜晓钟
设 计 时 间：2004 年
竣 工 时 间：2007 年
用 地 面 积：4683 ㎡
建 筑 面 积：17000 ㎡

Client: Shenzhen University
Location: Shenzhen University, Nanshan District, Shenzhen
Principle: Qin Li
Team Members: Qin Li, Yan Yitian, Li Yifan, Du Xiaozhong
Design Period: 2004
Completion: 2007
Site Area: 4683 ㎡
Gross Floor Area: 17000 ㎡

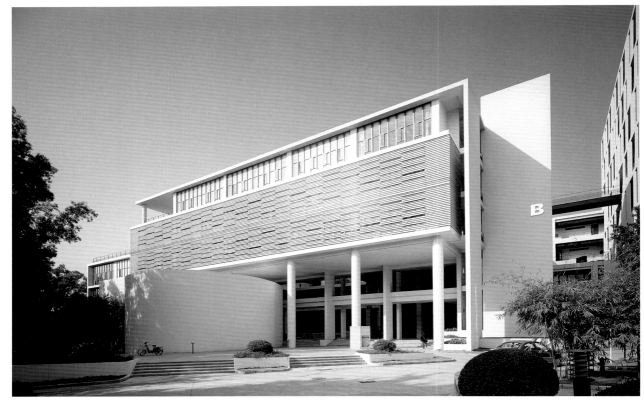

总平面图

深圳大学师范学院综合教学楼位于深圳大学正门的北侧，北面近邻原有的师范学院教学楼，东侧一路之隔是演会中心，西面临街则是南山区重要的城市干道南油大道，地理位置特别重要。建设用地为一狭长形地块，南北高差近3.5m，总建筑面积为18000㎡，容积率高达3.6。

由于师范学院综合教学楼紧靠着学校大门，从南面的南油大道上很远就可以看到它。但是，也正是因为它过于接近校门，所以才容易给校门造成压抑感。因此，我们将建筑形体化整为零，以减弱整体造型的厚重感和尺度感。同时，在建筑形态处理上，使整座建筑由南向北形成层层退台，这样可以有效地减少建筑体量对校门的压迫感，在高容积率的条件下，使建筑显得更加亲切。

新建的师范学院综合教学楼在空间组织上，充分利用了地形高差，将建筑嵌入地形，使地下室做为一层在南面露出地面，地下部分还设置了下沉庭院，阳光可以直接照射到地下，房间内部也可以自然采光、通风。

交往空间的创造是大学校园建筑设计中非常重要的内容，为了方便学生课间活动，在建筑处理上我们利用架空层、中庭和自然叠落的屋顶平台，为教师与学生在每一楼层上提供了一系列的变化丰富的公共活动场所。这些镶嵌在各个楼层中的室内与室外的活动空间，不但为学生与学生、学生与教师之间的交流提供了平台，而且，在这些活动空间与线型走廊交相重叠时，还会产生十分丰富的视觉感受和空间效果，与人的活动形成互动，构成极具活力的动态空间节点。

新建的师范学院综合教学楼的另一个特征，是空间的开放性。整座建筑虽然采用了围合式布局，但是，在几个方向上我们都利用架空、掏空等手法，打破了建筑内部与外部之间的界线，使内外空间能够相互穿插、相互渗透。"室内外化，室外内化"的空间效果，也就成了我们此次设计实践的特色之一。

在建筑的内部，我们还利用通高的中庭和拔空的庭院，从竖向上将不同标高的横向流动空间串连成一个整体，并最终形成了一种上、下、内、外贯通的动态的开放空间系统。这种开放性的空间系统，能够使建筑更好地融入自然，而且，还有利于空气流通，适用于深圳这样的重视通风的南方地区。从建成以后的实际效果来看，这一处理手法还是非常成功的，即便是在最炎热的夏天，建筑内部也会有微风吹过，使人感到凉爽宜人。经过我校建筑物理老师用仪器检测，正式温度确实降低了2℃左右。

最后，在空间造型之外还想再说的是，我们在师范学院综合教学楼的建筑处理上，一直追求的是一种平实简朴的效果，采用廉价的建筑材料和平实的表现手法，在朴素和简约的造型设计中寻求新的审美价值观。实际上，该建筑在设计之初，校方便要求限额设计，控制造价不得超过3000万元。因此，在不影响建筑效果的情况下，最终成功地将造价控制在1800元/m²之内，而建成后的效果也获得了大家的好评。

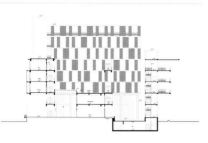

剖面图 1

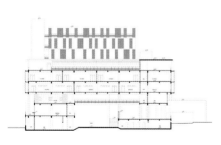

剖面图 2

The Library Continuation of Shenzhen University (Phase II)

深圳大学图书馆（二期）

建 设 单 位：深圳大学
项 目 地 址：深圳大学内
项目负责人：杨文焱
设 计 团 队：黄亮、孙世富、雷磊、成国庭、姚小玲
设 计 时 间：2005 年
竣 工 时 间：2007 年
用 地 面 积：21682.92 ㎡
建 筑 面 积：24544.27 ㎡

Client: Shenzhen University
Location: Shenzhen University
Principle: Yang Wenyan
Team Members: Huang Liang, Sun Shifu, Lei Lei, Cheng Guoting, Yao Xiaoling,
Design Period: 2005
Completion: 2007
Site Area: 21682.92 ㎡
Gross Floor Area: 24544.27 ㎡

深圳大学图书馆二期，作为老馆的扩容补充，以理工类藏书为主，选址于深圳大学中心广场南边，原E座教学楼旧址。北向隔中心广场与旧馆遥相呼应，南靠秀美的杜鹃山，东望学生活动中心，西临文山湖。

设计首先关注校园建筑秩序的延续，希望保持中心广场的特定校园格调，同时维护和加强空间形态秩序。通过二进制代码转译抽取校园环境空间要素，从中获得形态构成法则，以求得新旧建筑形式和空间构成上的自相似。布局和材料组织的成分均简化为0与1的单元，依照对信息源的反应进行组织和排列。建筑在面对中心广场的方向依据其中心轴线，排列实体（1）与虚空（0），使轴线延伸至杜鹃山顶，维持老馆与杜鹃山之间的视觉联系；建筑体内的南北向上依据使用功能排列条状的建筑体量（1）与院子（0），组织建筑的空间的层次变化和气流；竖向上则是架空、平台与实体的交错组织，形成内（0）外（1）的编织，拓展阅览和交流空间。建筑外表的设计，强调室内图书空间的品质和建筑表达。应用U形玻璃（1）和白玻（0）的交替排列和凹（0）凸（1）的布置，求得室内漫射光照，避免大量的直射和眩光，同时获得与老馆外形的某种同质联系，以及对时间变迁的信息反映。

建筑空间组织按抽象的实体组成与图书馆空间相吻合的功能模块，相同的开架书库模块布置于同一区域，形成建筑东翼体量，自修空间模块组成西翼建筑体量，公共活动模块则利用地形布置在一层，与架空水庭相间布置。交通流线也依此组织，相互连接，互不干扰，各功能模块可合可分，利于使用。密集书库和设备用房组成的服务模块，因荷载较重则布置于有通风边庭和出风口的地下室。可重复复制的书库模块便于拼接，有利于扩容发展。

为节约用地，在建筑高度限制的情况下（24m以下），建筑尽量集中布置在校园中轴上，在场地东部留下更多的发展扩容的空间。

总平面图

剖面图 A

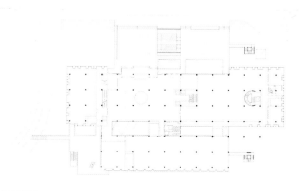

二层平面图

Shenzhen SED Science & Technology Building
深圳桑达科技大厦

建设单位：深圳市桑达实业公司
项目地址：深圳
项目负责人：高青
设计团队：高青、何南溪、郑雷
设计时间：2005 年
竣工时间：2007 年
用地面积：11478 ㎡
建筑面积：146371 ㎡

Client: Shenzhen SED Industrial Company
Location: Shenzhen
Principle: Gao Qing
Team Members: Gao Qing, He Nanxi, Zheng Lei
Design Period: 2005
Completion: 2007
Site Area: 11478 ㎡
Gross Floor Area: 146371 ㎡

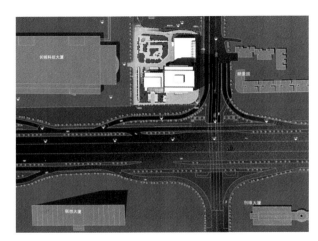

深圳桑达科技大厦位处科技园中区、深南大道与科技大道相交的西北角。整个用地南北向高差为2.8m,东西向高差为1.8m。城市规划部门对该用地有限高80m和在西北角设4000㎡公共绿地的要求。

设计特点：

1. 充分利用地形高差，在地下室和裙房部分进行了错层设计；

2. 在建筑首层中部设有二层通高的开放式过厅，使西北角公共绿地与南面深南大道有了空间上的连通，弱化了建筑对绿地的封闭感；

3. 尊重业主的要求，最大限度地保证了主楼标准层的高使用率和平面的规整性；错层设置了休憩平台。

总平面图

Hifuture Electric factory
惠程电气

建 设 单 位：惠程电气股份有限公司
项 目 地 址：深圳市龙岗区
项目负责人：覃力
设 计 团 队：覃力、颜奕填、李一凡、陈晓、马宇
施工图设计：国际印象建筑设计有限公司
设 计 时 间：2004 年 9 月
竣 工 时 间：2007 年 4 月
用 地 面 积：30128 ㎡
建 筑 面 积：60000 ㎡

Client: Hifuture Electric Co. Ltd.
Location: Longgang, Shenzhen
Principle: Qin Li
Team Members: Qin Li, Yan Yitian, Li Yifan, Chen Xiao, Ma Yu
Construction Drawing Design: INT IMPRESS Co. Ltd
Design Period: September 2004
Completion: April 2007
Site Area: 30128 ㎡
Gross Floor Area: 60000 ㎡

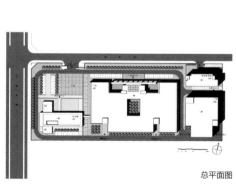

总平面图

惠程电气在深圳市龙岗大工业区内，是一家民营上市公司，主要生产各类高低压电缆分支箱、环网柜等电器产品。厂区建筑由一幢3层办公楼、二幢多层厂房和一幢12层的宿舍楼组成。建筑全部采用清水混凝土加局部石材的形式，清水混凝土面积超过30000㎡。是深圳市第一座大规模的清水混凝土建筑，也是国内第一座大规模的清水混凝土工业建筑。

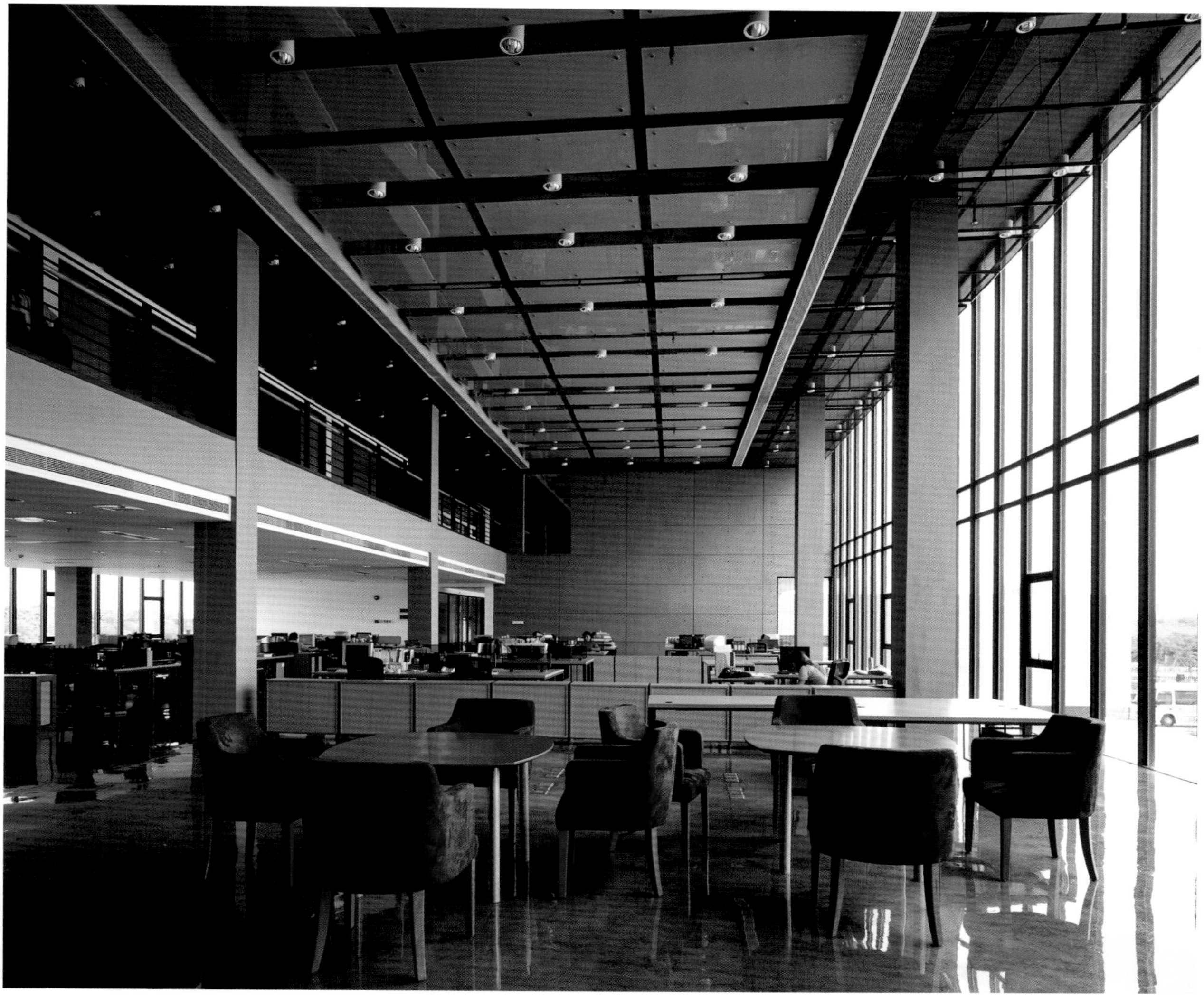

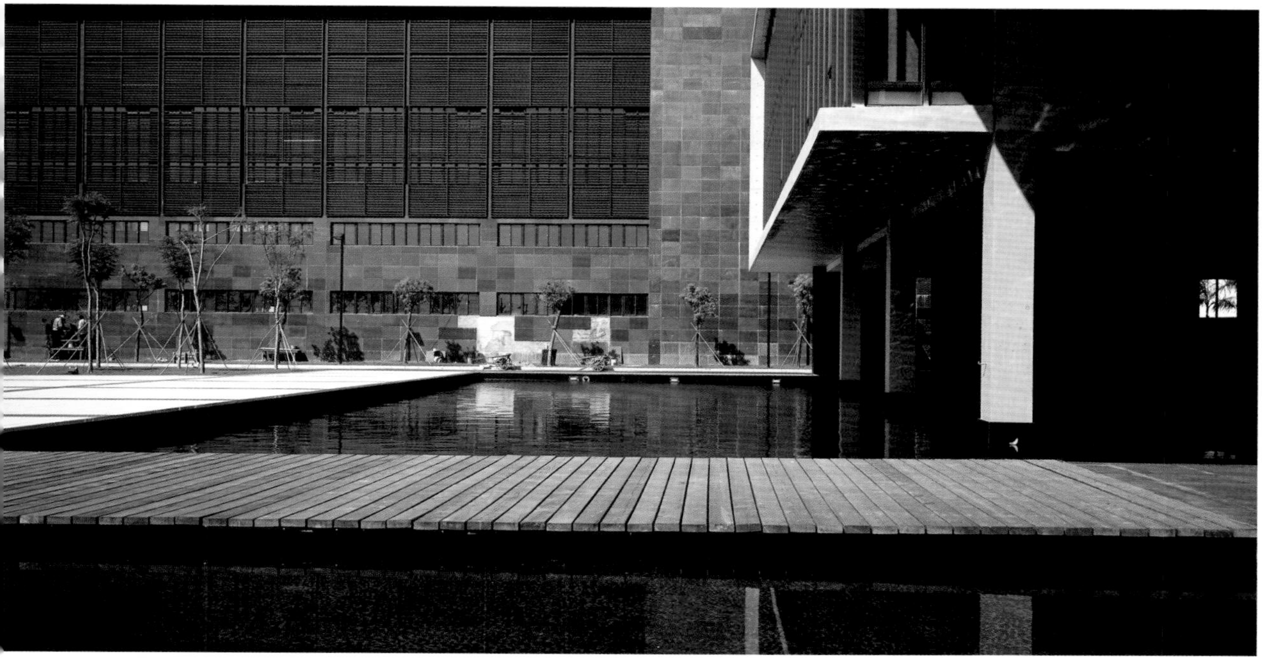

惠程电气厂区建筑的另一个特色，是我们在建筑处理上采用了所谓的"折叠"手法。这是一种将传统的"墙面"、"地板"、"屋面"等构成元素连接起来，形成一个连续的、转折而成的拓扑空间结构。这些建筑元素以"板"的折叠方式，构成实体墙面、屋面之间的交接关系，形成了一种富于变化的建筑"外包面"。这种"折叠"手法，不仅强化了建筑造型上的"折板效果"，而且还给人以强烈的转折感和动态感。

处理"折板"最关键的问题，是要解决用框架结构的梁柱体系模仿"板"的效果，要在结构和构造上尽量处理好挑板与梁的关系，控制"板"的厚度，将这些"混凝土板"设计得轻而薄，使"折叠"的效果更好，显得更

为轻巧，使整座建筑摆脱厚重感。通过这些"混凝土板"的折叠，还可以打破建筑体块的体量感，营造出形体上的变化和空间的层叠，形成一种简洁、纯净，强调时代感和工业技术特征的现代工业建筑。

在厂区的总体规划中，我们还提出了"厂区园林化"的设想。在厂区中留出了大片的绿地和广场，在满足工艺要求的基础上，各单体建筑均结合岭南地区的气候特征，采用开放式的空间布局，引入庭院绿化和屋顶花园，使绿化与建筑空间相互穿插。这样不仅在厂区营造出轻松活跃的空间氛围，而且还大大改善了建筑的通风效果，使厂房在夏天无空调的情况下，仍然让人觉得十分凉爽。

The Paradiso of Vanke (Phase III)
万科金域蓝湾（三期）

建设单位：深圳市万科房地产有限公司

项目地址：深圳市福田区福荣路北

项目负责人：曹卓、傅洪

设计团队：曹卓、傅洪

合作设计：嘉柏建筑事务所

设计时间：2005 年

竣工时间：2007 年 7 月

建筑面积：78800 ㎡

Client: Shenzhen Vanke Real Estate Co. Ltd.

Location: North of Furong Road, Futian District, Shenzhen

Principle: Cao Zhuo, Fu Hong

Team Members: Cao Zhuo, Fu Hong

Joint Design Firm:Gravity Partnership Ltd.

Design Period: 2005

Completion: July 2007

Gross Floor Area: 78800 ㎡

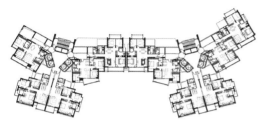

标准层平面图

二层平面图

万科金域蓝湾（三期）项目位于深圳市福田区福荣路北生活片区，地块东与鸿景湾花园相邻，西面为万科金域蓝湾一、二期，南面俯瞰深圳湾全景和红树林鸟类自然保护区，优越的地理位置以及丰富的景观资源构成了该地块开发的区位优势，是建造高品质优质生活的理想居所。三期项目包括两栋48层的连体超高层住宅及3层的配套幼儿园，以其150.7m的建筑总高度在整体布局中成为金域蓝湾住宅群体以及整个片区的标志性建筑。

三期住宅由一梯五户和一梯六户的两栋蝶形连体超高层构成。楼高48层，其中一层为住宅大堂及架空绿化平台。十七及三十三层为避难层，其余各层为住宅单元层。-6.700标高层为地面架空停车库，-10.200标高及-13.700标高处为地下停车库及设备用房，其中还设有四个人防防护单元。建筑造型风格上突出超高层建筑造型"挺拔、隽秀、简洁、现代"的"都市花园"性格特征。整体气势宏伟，立面处理简洁大方，一气呵成。以简洁明快的"点"、"线"、"面"及"体"的组合突出自己的"个性"。建筑色彩处理上与一、二期协调，外装材料上的铝合金门窗以玻璃幕墙为主。于2007年7月建成投入使用。

Valley in Hillside•China Overseas
中海 · 半山溪谷

建 设 单 位：深圳中海地产有限公司
项 目 地 址：深圳市盐田区
项目负责人：覃力
设 计 团 队：覃力、颜奕填、李一凡、陈晓、耿海云、姚芳
设 计 时 间：2006 年 7 月
竣 工 时 间：2007 年 12 月
用 地 面 积：841024.4 ㎡
建 筑 面 积：93868 ㎡

Client: China Overseas Property
Location: Yantian District, Shenzhen
Principle: Qin Li
Team Members: Qin Li, Yan Yitian, Li Yifan, Chen Xiao, Geng Haiyun, Yao Fang
Design Period: July 2006
Completion: December 2007
Site Area: 841024.4 ㎡
Gross Floor Area: 93868 ㎡

总平面图

中海•半山溪谷是深圳中海地产有限公司开发的一个很有特色的住宅项目，该项目位于深圳市盐田区，背依梧桐山东南山麓，地处盐田港的北侧。建设用地的四周均为未开发的山地，自然环境优美，有山有水，绿树葱郁。整个建设用地面向盐田港，呈西北高东南低的走势，地块内植物生长茂盛，有山泉溪流和水塘。用地的西南侧紧邻深圳外国语学校盐田高中部，距罗湖市中心区约15km。

中海•半山溪谷远离混乱的市区，位于山野之中，其开发定位为：要"体现高品位、典雅的居家方式"。因此，我们在进行设计的时候，便强调地理位置的特殊性，希望能够创造出有别于城市住宅的具有山居特色的高品质居住社区，以新颖的规划理念和人性化的设计来营造具有高水准与良好生态环境的居住氛围。

Zhong Hui Qin Lin - Merrill Court
中惠沁林山庄—美林苑

建 设 单 位：东莞市中惠沁林山庄房地产开发有限公司
项 目 地 址：中国·东莞市·大岭山镇·107 国道东南侧
项目负责人：陈方
设 计 团 队：陈方、殷滨、李智捷
设 计 时 间：2005 年
竣 工 时 间：2008 年
用 地 面 积：146000 ㎡
建 筑 面 积：204454 ㎡

Client: Dongguan Zhonghui Qin Lin Villa Real Estate Development Co.Ltd.
Location: Southeast of No.107 National Highway, Dalingshan Town,Dongguan, Shenzhen
Principle: Chen Fang
Team Members: Chen Fang, Yin Bin, Li Zhijie
Design Period: 2005
Completion: 2008
Site Area: 146000 ㎡
Gross Floor Area: 204454 ㎡

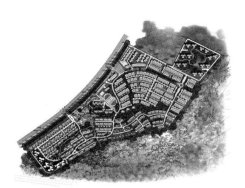

总平面图

本社区的设计主题为地中海山景坡谷小镇，设计结合原基地脉络，设计了一条带状及点状相结合的山景生态公园系统，命名为沁林溪道，成为主要的生态景观带，联系了各个邻里空间的用地，并配有一条林荫景观步行商业街(open mall)。

在设计理念上主要讲求自然资源的整合与构建，在低地规划水系，既起到地面排水功效，又成为本设计为该项目提供的自然背景。且对原有地形加以整合，形成缓坡绿地树木的生态意向。

在设计的尺度控制上为了保护原有山形的轮廓线，建筑布局采用低层依山靠水，高层向两边退后的手法，通过人工的小尺度烘托自然生态的大背景。植被的营造与最佳景观面得到充分的利用，采用茂密的乔木植被与缓坡绿地及人工水景相结合，形成强烈的生态居住村落意象。

本社区组织交通系统采用环状车行，停车到户或组团入口；道路刻意追求曲线型，以利景观及降低车速；人行临水步道机沟谷步道则将街区庭院或私家院落相连，形成完整的步行系统，从而实现人车的平面分离。此外，还规划了两条步行主轴：1. 山轴——由入口处的绿荫广场指向大岭山，其中缀以树林、草坪、溪流等景观要素，与大岭山的山情野趣连成一气。2. 沁林溪道——由入口处的中心水景分别向东向西延伸，贯穿整个地块，连接

各组团绿化，使绿化系统自成体系，又是一居民休闲、漫步的好去处。

本设计借鉴欧洲城市街道空间模式，规划了一个由会所、街心公园、商店、城市节点小品空间组成的小镇主题临水广场及林荫商业街。且注重商业的城市性，尽量使社区商业及公共设施位于城市界面沿线，成为城市共享的一部分，从而提升社区的活力。

整个小区的建筑单体在建筑风格上均采用现代地中海欧洲山城风格，建筑风格组合理念上强调精致典雅的田园村落与较为现代风格的社区会所相呼应。

建筑立面设计强调细节或节点设计，通过现代材料与构造来表达传统线脚，使整个立面形象清新典雅。并针对地方气候特点（如季风性气候、夏季炎热等），要求将来住宅设计在空调位上进行了考虑，原则上充分利用建筑凹槽，并用仿木铝百叶进行装饰。另外，采用仿木铝合金格栅遮阳，以求地中海阳光明媚的效果。

住宅户型平面设计强调客厅、餐厅及主卧室均面向庭园，采用欧式开窗，尤其客厅、主卧、转角窗并面向内庭园，培养住户交往。尽量布置玄关储藏等过度空间。住宅朝向以南向为主。

Yantai World Trade Center
烟台世贸中心

建 设 单 位：烟台南山置业发展有限公司
项 目 地 址：烟台市莱山区
项目负责人：朱继毅、殷子渊
设 计 团 队：朱继毅、殷子渊、袁磊、李锋 等
设 计 时 间：2005 年
竣 工 时 间：2008 年
建 筑 面 积：220000 ㎡

Client: Yantai Nanshan Real Estate Co. Ltd.
Location: Laishan District, Yantai
Principle: Zhu Jiyi, Yin Ziyuan
Team Members: Zhu Jiyi, Yin Ziyuan, Yuan Lei, Li Feng, etc.
Design Period: 2005
Completion: 2008
Gross Floor Area: 220000 ㎡

酒店主体设计成梭形平面，追求流动、挺拔的标志性，屋顶设旋转餐厅，海景一览无余。为争取更多的海景，办公楼设计成三角形平面。酒店与办公楼在位置、体形和材料上相互呼应，裙房之间以一条商业内街相缝合，组成一个和谐的整体。

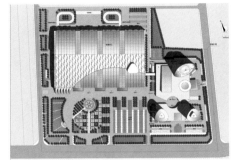

总平面图

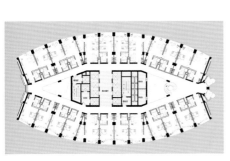

三十三层平面图

Futian Foreign Language School of Shenzhen (Jinglong Middle School)

深圳福田外国语学校（景龙中学）

建设单位：深圳福田外国语学校
项目地址：深圳市福田区香梅路北
项目负责人：高青、邓德生
设计团队：袁仲伟、邓德生 等
设计时间：2005 年 4 月
竣工时间：2008 年
用地面积：23664.90 ㎡
建筑面积：15097.80 ㎡

Client: Futian Foreign Language School of Shenzhen
Location: North of Xiangmei Road, Futian District, Shenzhen
Principle: Gao Qing, Deng Desheng
Team Members: Yuan Zhongwei、Deng Desheng, etc
Design Period: April 2005
Completion: 2008
Site Area: 23664.90 ㎡
Gross Floor Area: 15097.80 ㎡

总平面图

文化适应性 以中国传统书院建筑空间形态为原型,进行适应现代学校生活再诠释,形成具有中国传统文化特色的现代学校建筑。行为适应性以学生校园生活的行为特点作为空间组合形态的主要依据。同时校园生活亦作建筑表现的主角。建筑实体作为背景或舞台,使建筑形象成了一幅由不断变化的校园生活画面组成的长卷。

气候适应性 考虑深圳主导风向为东南风向,在设计中利用大面积的架空和通畅的长廊保证了良好的通风条件。内部空间以空廊、架空层及各层屋顶平台联系大小形态各异的院落空间,形成水平、竖向互相渗透,变化丰富,步移景异的空间效果。以室外大讲堂为核心的中央庭院形成校园空间的中心。

充分体现前诉适应性建筑的设计概念。立面处理简洁精致。力求具有一种儒雅的中国文化气息。

从完善城市空间的图底关系出发,整合城市空间形态。建筑外轮廓线整体简洁,水平伸展,与周围高低错落的建筑形成的背景轮廓线相互映衬,形成平衡。

将西南香蜜湖、东北街心公园美景充分引入校内,作为各层平台、走廊等公共活动空间的借景。综合考虑周围环境噪声对建筑的影响及校园内部噪声对周围居民的影响。综合利用通风与遮阳手段创造阴凉的室内空间。建筑靠西北布置,避开东南高层建筑阴影。

Chenjing Student Apartment

深圳大学晨景学生公寓

建设单位：深圳大学　　　　　Client: Shenzhen University
项目地址：深圳大学主校区　　Location: Shenzhen University
项目负责人：艾志刚、陈佳伟　Principle: Ai Zhigang, Chen Jiawei
设计团队：牟冰冰、于会萍　　Team Members: Mu Bingbing, Yu Huiping
设计时间：2006 年　　　　　 Design Period: 2006
竣工时间：2008 年　　　　　 Completion: 2008
占地面积：5531.64 ㎡　　　　Site Area: 5531.64 ㎡
建筑面积：29203 ㎡　　　　　Gross Floor Area: 29203 ㎡

总平面图

项目位于深圳大学中心学生生活区。1号楼U形外廊式布局。底层设封闭庭院，方便管理。2号楼地面坡度较大，坡地采用架空处理，形成开放空间。标准层为内廊式布局，并设置多个空中花园，方便住户休闲和交流。

建筑外观为白色调简约形态，与校园整体风格相协调。局部采用土红色块形成居住的欢快氛围。阳台和卫生间外置，西立面安装遮阳构件，屋面安装大型太阳能热水器。

Art Gallery of Shenzhen University
深圳大学艺术村

建 设 单 位：深圳大学　　　　　　　Client: Shenzhen University

项 目 地 址：深圳市南山区深圳大学内　Location: Shenzhen University, Nanshan District, Shenzhen

项目负责人：覃力　　　　　　　　　Principle: Qin Li

设 计 团 队：覃力、骆静静、温雅乔　Team Members: Qin Li, Luo Jingjing, Wen Yaqiao

设 计 时 间：2007 年 5 月　　　　　Design Period: May 2007

竣 工 时 间：2008 年 6 月　　　　　Completion: June 2008

建 筑 面 积：2400 ㎡　　　　　　　Gross Floor Area: 2400 ㎡

深大艺术村地处深圳大学校园内，北面正对着深圳大学的北门主干道，地理位置十分显要。所谓艺术村，实际上是为深圳大学艺术系师生服务的校内美术馆。艺术村的建设基地，原为艺术系教师李瑞生先生设计建造的、很有特色的"鬼屋"的原址。

并非建筑师的李先生自己动手设计建造的"鬼屋"，原是一组建筑，自成院落，院内有大片的荔枝林和竹丛，地形东低西高有较大的高差，环境十分幽美。建筑用毛石砌筑，平面形态随着地形自由变化，造型独特，曾经是深圳大学乃至深圳市的一个极有个性的艺术家工作室。后来由于产权问题，主体建筑被拆除了，学校在原址上临时修建了音乐教室和简易的展厅。不过，院落中后面的几座石砌建筑仍然保留了下来，而新建的美术馆就选在原来主体建筑的位置上，面对北校门，沿着校内路邻路而建，是校园中一处重要的景观节点。

由于这样特殊的场所条件和极不规则高低起伏的地形特点，我们在设计时便考虑以自由变化的建筑形式来适应环境，用小尺度的形体组合，延续原来"鬼屋"的造型特征。用一系列大小不同、方向各异的方形，组成不规则的复杂形态，使建筑体量化整为零融于环境，给人以强烈的现代感。这种不规则的平面和灵活的造型形态，不但可以营造出不同于常态的内部空间，增加展示面的长度，而且还能够以独特的造型去吸引人们的注意，使

这座规模不大，但造型却极有个性的建筑，成为深圳大学北校门内轴线上引人注目的底景。

在建筑空间组织上，我们利用原有地形的高差，使建筑空间与环境的结合立体化。正面主入口前设有大台阶，可以直接进入美术馆二层的前厅。一层的主展厅则通过下沉式的室外展示场地，与建筑围合的内部庭院相连。各展厅之间呈线性连接，流线简明顺畅。序厅和休憩空间面向荔枝林开窗，拥有非常好的景观，而展厅内部却相对封闭以利于展品的展示。展室内部的组织则采用动态的、立体化的处理方法，使各展室相互穿插形成环状，在建筑内部还多处设置了架空廊道和拔空空间，使空间效果富于变化，体现出展览建筑的文化特质。

新建的美术馆就整个艺术村来说，只是其中的一个组成部分，艺术村中尚保留有几座原来的毛石建筑。因此，美术馆的设计除了在建筑形态、建筑体量上要处理好新、旧建筑之间的关系之外，还应该在建筑材料和建造方式上能够使新建筑从本质上传承那些有创意的东西。于是我们在造价只有300万元的情况下，大量采用了非常廉价的毛石和木材等自然材料，通过材料联想这种抽象性传承表现场所环境中所特有的"乡土感"。同时，我们也适当地使用了大片的无框玻璃窗，让人工材料与自然材料相结合，使空间更加通透，从而赋予该建筑以强烈的时代感。

二层平面图

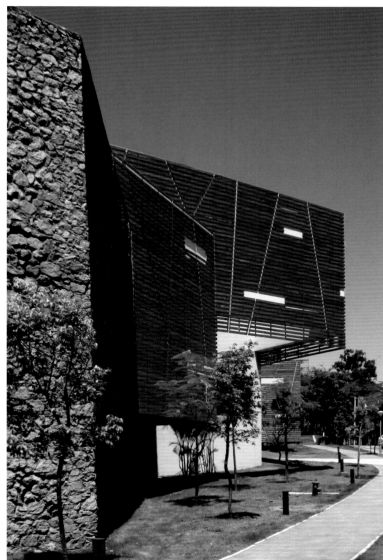

The Galaxy Dante
星河丹堤

建 设 单 位：深圳市丰泽湖山庄有限公司
项 目 地 址：深圳市福田区
项目负责人：陈方
设 计 团 队：陈方、殷滨、杨俊锋、梁照雄、刘畅、
　　　　　　连建社、郑文国、晏风、韩国园
设 计 时 间：2007 年
竣 工 时 间：2008 年
用 地 面 积：200000 ㎡
建 筑 面 积：360580 ㎡

Client: Shenzhen Fengze Lake Villa Co. Ltd.
Location: Futian District, Shenzhen
Principle: Chen Fang
Team Members: Chen Fang, Yin Bin, Yang Junfeng, Liang Zhaoxiong, Liu Chang,
　　　　　　　　Lian Jianshe, Zheng Wenguo, Yan Feng, Han Guoyuan
Design Period: 2007
Completion: 2008
Site Area: 200000 ㎡
Gross Floor Area: 360580 ㎡

总平面图

平面图

该项目用地地块环绕着民乐水库，水库对岸为原丰泽湖山庄一、二、三期，东面与南面均为连绵起伏的自然山峦，自然景观优越。民乐水库占地面积约为90000m²，堤坝标高90.0m，最高水位线87.32m，由于2004年深圳干旱少雨，现在水位很低，大部分已干涸见底。用地周边山体均为自然形成，但山上天然植被已被改造种植果树，暴雨时，山上浮土，沙尘会冲刷下泄。

该基地环绕民乐水库，呈岛状或半岛状，沿岸地块（原一、二号地块）结合基地原有山地岸线脉络，形成湖景主题；三号地块深入腹地，结合原有台地坳口，构造了一条新的生态绿谷，止于示范区，形成社区内另一条生态景观带。

三号地块用地呈缓坡，故建筑采用南北向平行等高线布局，在保证土地利用效率的同时，利用人造谷地，逐级向生态绿谷跌落，形成较为丰富的景观天际线。同时在二、三号地块交接处从生态绿谷引出一条水带，直接延伸到翠堤湾，在形成良好景观的同时有效地划分组团。

规划因地制宜,理性有序地进行交通组织系统。真正高档洋房社区离不开好的自然生态资源，尤其作为低多层社区，还必须考虑坡地形态的利用营造，并在低地规划水系，既有地面排水功效，同时水边坡谷成为本设计为该项目提供的自然背景。

鉴于汽车私有化的趋势，本设计给予车行景观较高的重视，结合基地自然环境创造了多样性的景观停车方式。通过曲线路网结构形式吻合花园社区的车行运动景观特点，车道系统与水景的时分时合，有利于创造多样性车行景观。区内车行主要由区内环路及尽端支路组成，两个高层组团各自成环。

Shenzhen Dongjiang Environmental Plaza
深圳东江环保大楼

建 设 单 位：深圳市东江环保股份有限公司
项 目 地 址：深圳
项目负责人：高青
设 计 团 队：高青、马越
设 计 时 间：2006 年
竣 工 时 间：2009 年
用 地 面 积：4999.98 ㎡
建 筑 面 积：20404 ㎡

Client: Shenzhen Dongjiang Environment Co. Ltd.
Location: Shenzhen
Principle: Gao Qing
Team Members: Gao Qing, Ma Yue
Design Period: 2006
Completion: 2009
Site Area: 4999.98 ㎡
Gross Floor Area: 20404 ㎡

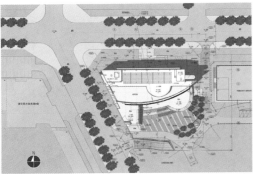

总平面图

力求将城市空间及用地特征、相邻建筑和环境特点，与业主的功能需求和企业文化特色结合起来，通过建筑造型语言，展示科技型环保企业研发建筑的文化内涵。

充分利用用地现状3.8m高差，将地下室设计为全埋式错层地下室，以尽量减少对原地形的改变及节省施工土方量，同时利用高差关系形成多层次、有变化的建筑外部空间。

建筑沿街道布置，形成明确的"街墙"，并与西边清华同方信息港建筑群保持和谐与互补的形体关系，也有利于争取南北朝向的最大值，并避免建筑形体上的"矮墩"感。

将建筑的竖向交通核分别设在东、西两端，并在首层设有局部架空层，形成南北兼顾且开放的主入口空间，结合弧形大台阶及园林，使之成为周末及节假日对市民开展环保宣教活动的理想场所。

广场中的绿地及休憩场所布置在用地的东南角，结合地面与居一路斜率相统一的几何划分，形成休憩花池与地下室采光井错落分布的有趣空间。利用雨水收集系统作为景观水源，并设置有生态除污示范湿地。

将研发中心、实验分析中心、产品陈列厅及宣教展室和货流的出入口分别独立布置，减少不同功能区之间的相互影响，保证净污分流。

主体建筑面向南偏东15°的深圳最佳朝向，其近景可观组团中心绿地，中景面向沙河绿化隔离带，远景眺望华侨城及深圳湾，避免将来与南面待建用地建筑平行对视。北面部分建筑体量同步偏转15°，也使东侧建筑进深更为合理。

建筑的东、西立面以实墙为主，同时，将电梯厅、楼梯间、卫生间和边庭及管道井尽量设置在建筑东、西侧，使主要使用空间处于南北向。

此项目建筑体量不大，但地处斜交的十字路口处，成为郎山路东往西行和居一路南往北行的视线交点。因此，建筑造型充分考虑了这个特点，利用了虚实对比、线面构成、材质与肌理等细部造型要素来表现建筑的现代感与科技感，并注重结合建筑色彩与企业标识的整合，在保持与清华同方信息港建筑色彩和谐的前提下，形成自身较强的可识别性。南立面的弧面上，用折线形玻璃幕墙替代弧形玻璃；而幕墙外的水平遮阳及金属构件均为弧形，使造型上仍保持舒展、流畅的视觉感受。

在群房西侧和主楼标准层东南角，均设有2层通高的休息厅，以提高办公间品质和丰富空间变化。

以适用技术倡导节能：注重建筑简洁的形体和朝向，low-E玻璃和水平遮阳的大量使用，地下车库设有自然采光井，屋面设屋顶绿化和光伏太阳能板，夜间泛光照明以LED灯为主。

注：因城市设计的变化，总平面中的道路及园林设计与实施方案有部分出入。

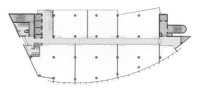

标准层平面

Nanchang Wanda Splendid Mansion
万达华府

建 设 单 位：南昌万达房地产开发有限公司
项 目 地 址：南昌市红谷滩新开发城区南端
项目负责人：何川
设 计 团 队：何川、梁翀、张雷
设 计 时 间：2006 年
竣 工 时 间：2009 年
用 地 面 积：70125.4 ㎡
建 筑 面 积：310601.6 ㎡

Client: Nanchang Wanda Property Development Co. Ltd.
Location: Southernmost Area of Honggutan Newly Development Zone, Nanchang
Principle: He Chuan
Team Members: He Chuan, Liang Chong, Zhang Lei
Design Period: 2006
Completion: 2009
Site Area: 70125.4 ㎡
Gross Floor Area: 310601.6 ㎡

总平面图

区位条件：该项目位于南昌市红谷滩新开发城区南端，洪城路以北，红谷八路以南，临江大道以西，东边紧邻赣江，具有优越的景观资源，以及便利的交通条件。占地面积70125.4㎡，建筑面积310601.6㎡，容积率4.0。主要功能为住宅和小商业用途。

该项目利用现有基地的滨江条件，创造出一个既具有临水建筑特色，又可以创造价值最大化的经典作品。总体布局充分满足通风、日照和消防的要求，每户住宅均能看到江景，临江一侧江景丰富，内侧住宅也可享受花园的景色。

创造合理的规划结构，将良好的内部景观与极佳的外部江景、完备的功能和鲜明的个性风格有机地统一起来。

实现人车分流，创造完美亲切的步行环境，减少机动车对人行空间的不良影响。创造可持续发展的生态智能化居住社区。提供可行的经济操作，既保持方案的优点，又尽可能节省造价。在体现现代规划理念的基础上，使规划达到自然生态、历史文化和经济效益的高度统一。

The Rebuilding of Activity Center for the Veteran Cadre, Shenzhen
老干部活动中心

建 设 单 位：深圳市老干部活动中心
项 目 地 址：深圳市上步路与深南路交汇处
项目负责人：杨文焱
设 计 团 队：李薇波、汪茉莉、俞培柱、吴忠华
设 计 时 间：2006 年
竣 工 时 间：2009 年
用 地 面 积：30190.2 ㎡
建 筑 面 积：25988.85 ㎡

Client: Shenzhen Veteran Activity Center
Location: At the Junction of Shangbu Road and Shennan Road, Shenzhen
Principle: Yang Wenyan
Team Members: Li Weibo, Wang Moli, Yu Peizhu, Wu Zhonghua
Design Period: 2006
Completion: 2009
Site Area: 30190.2 ㎡
Gross Floor Area: 25988.85 ㎡

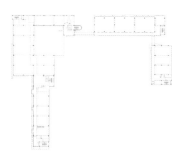

三层平面图

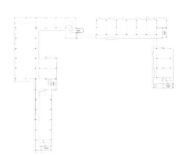

五层平面图

剖面图

深圳市老干部活动中心位于深圳市中心深南中路与上步路交汇处东北面，用地地块呈规整的矩形，南北长于东西，80％是绿化水面，为成片数十年年龄的荔枝树覆盖。设计根据项目和用地特点，确立的设计目标是，尽量保留园内绿化，营造符合老年人生理、心理的宁静、平实和安详的现代建筑空间。因此，建筑沿原建筑基址布置，东、北、西三面围合，同时开成三个带状活动分区。由于地处城市中心区，内外气氛迥异，建筑处理遵循内外有别的原则。建筑面向园外的面做封闭处理，尽量减少墙面开洞面积，以屏蔽来自城市干道的噪声和不利朝向的影响，形态上也以简单的直线构成；面向园内则在控制遮阳的前提下，尽量开敞，并根据具体情况向外凸出，以争取尽可能多的与园林绿化的接触面，并在转角处加入曲面元素，力求跃动的感觉，使建筑更好地融入绿化环境中。建筑以暖色为基调，处理上延续"双重原则"，软黄色面砖与白色涂料交错：临城市的外界面，白色涂料点状镶嵌在大面积的面砖上，厚实不失活跃；临园区的内界面则以白色涂料的线、面体与面砖交错编织，以获得更强的动感。

Pingshan Gymnasium
坪山体育馆

建 设 单 位：深圳市龙岗建筑工务局
项 目 地 址：龙岗
项目负责人：殷子渊、饶小军
设 计 团 队：殷子渊、饶小军
设 计 时 间：2008 年
竣 工 时 间：2010 年
建 筑 面 积：14000 ㎡

Client: Construction Works Bureau, Longgang District, Shenzhen
Location: Longgang
Principle: Yin Ziyuan, Rao Xiaojun
Team Members: Yin Ziyuan, Rao Xiaojun
Design Period: 2008
Completion: 2010
Gross Floor Area: 14000 ㎡

总平面图

"晨露"是世界大运会坪山体育馆的设计原点。世界大学生运动会和坪山新区同时出现在这片绿色的大地上，新体育馆自然成了新区最具标志性的场所。清新的形象让她成为深圳市民评选最关注的大运场馆中，唯一中国建筑师主创的作品；先进的悬肢穹顶钢结构屋架体系设计，为设计师赢得了第三届广东钢结构金奖"粤钢奖"。团队真诚的合作克服了众多困难，高质量地完成了大运篮球馆的设计工作。

Shenzhen North Railway Station
深圳北站

建 设 单 位：广深港客运专线有限公司
项 目 地 址：广东省深圳市龙华镇
项目负责人：龚维敏
设 计 团 队：龚维敏、卢旸、杨钧、梁茵
合 作 设 计：中铁第四勘察设计院集团有限公司
设 计 时 间：2009 年
竣 工 时 间：2011 年 6 月
用 地 面 积：130972 ㎡
建 筑 面 积：182074 ㎡

Client: China Railway SIYUAN Survey & Design Group Co. Ltd.
Location: Longhua, Shenzhen,Guangdong Province
Principle: Gong Weimin
Team Members: Gong Weimin, Lu Yang, Yang Jun, Liang Yin
Joint Design Firm:China Railway Siyuan Surrey and Design Group Co. Ltd.
Design Period: 2009
Completion: June 2011
Site Area: 130972 ㎡
Gross Floor Area: 182074 ㎡

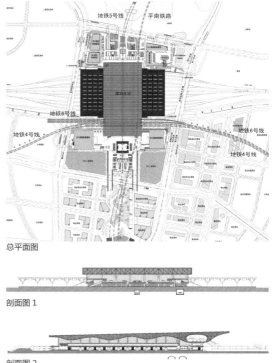

总平面图

剖面图 1

剖面图 2

城市综合交通枢纽

作为城市发展空间的重要节点，深圳北站枢纽是特大型交通枢纽，建筑面积为594000㎡，国铁站房建筑面积182074㎡，是北站枢纽工程的核心内容，包含11座站台、20条股道。深圳北站站房将多种城市交通内容（公交，轨道交通4、6号线等）、龙华新城市中心城市发展空间格局与国铁站房作系统性的考虑。除了完善交通枢纽功能外，还能够充分发挥其在城市空间系统中的重要标志性作用。深圳北站站房布置在龙华新区城市中轴线上，采用了高架站厅式布局，使得站房大厅，东、西旅客广场及城市广场均沿城市轴线在同一标高上布置，形成连续的城市公共空间。

交通建筑的个性及城市精神的表达

设计创造了独特的"上平下曲"巨构屋盖形态，将东侧高架的轨道4、6号线包裹其中，形成完整的建筑形象。东立面设60m大洞口，将轨道交通换乘扶梯以玻璃筒形式加以展现，使轻轨列车及动态换车人流成为建筑立面的突出要素，成为"运动"的表演舞台，表达出交通枢纽建筑的个性特征。主站房大屋盖采用"海浪线"建筑语汇，白、兰相间的波浪线是对"轨道线"、"滨海城市"、"列车旅程线"等语义的隐喻，创造出主题鲜明、清晰现代的建筑语汇；采用大尺度柱网及悬挑结构展现了超尺度的技术力量感，形成明亮、现代感十足的内部空间及其有亚热带的半室外空间，体现了深圳作为

年青的滨海城市所具有的开发、自由、包容及富有活力的城市性格。

高效、便捷的流线及空间组织

站房功能布局遵循"以流为主、到发分离、东西贯通"的设计原则，追求各种交通方式的"零距离换乘、空间可读"的场所品质。设计结合西高、东低的场地条件以及轨道交通4、6号线高架，5号线地下穿越站区的现实条件，在国内大型客运站设计中首次采用了"上进上出"的流线模式，使9.0m标高平台成为人流集散的主交通层，向上与轨道4、6号线，向下与5号线及公交站场形成最优的换乘关系，主站厅与东、西广场设于同一标高，大厅与广场直接对应，公交站场、出租车场站、长途车站、社会车辆停车分别布置东、西广场的四个象限，形成以9.0m标高平台层以及位于中央国铁高架候车厅为核心的清晰的交通流线系统。为了加强东、西广场之间的联系，车站区北侧、股道上方设置了高架人行天桥。

时代技术的运用及表达

主站厅屋盖内部跨度达86m，东侧向主广场悬挑64m，站台雨棚跨度46m，创造出开敞灵活的内、外空间。站房主屋盖东侧结构采用Y形支柱将屋盖结构与轨道交通结构整合成一体。站台雨棚为连续扁拱采用了新型"方环索"结构形式。

The Art Museum Of Chinese Farmer
中国龙门农民画博物馆

建设单位：龙门兴运旅游度假有限公司
项目地址：广东省惠州市龙门县王坪镇
项目负责人：吴家骅
设计团队：马越、朱宏宇、于兵
设计时间：2009 年
竣工时间：2011 年 2 月
建筑面积：8000 ㎡

Client: Longmen Xingyun Holiday Resort Co. Ltd.
Location: Wangping Town, Longmen, Huizhou, Guangdong Province
Principle: Wu Jiahua
Team Members: Ma Yue, Zhu Hongyu, Yu Bing
Design Period: 2009
Completion: February 2011
Gross Floor Area: 8000 ㎡

自然环境中的院落式布局

本项目为龙门天然温泉度假村的子项目。基地中部有三棵保留树木。设计以三棵树形成的庭院为中心，形成院落式布局，一方面形成灵活、流畅的空间变换，另一方面也可形成较为集中和共享的内部环境，塑造良好的视觉效果和功能空间。建筑平面布局灵活、自由，由主、次两个内庭院组成，串联起各个会议空间。内、外庭院和广场相互穿插、渗透，形成多变的空间环境。内部交通流线亦自由、多样、变化丰富。

源于客家文化的材料运用与现代风格相结合的建筑造型

项目位于龙门县城外的丘陵地带，拥有良好的自然景观资源和客家文化的历史资源。在建筑造型设计中，充分考虑客家建筑风格和山地地区的环境特点，凸显建筑稳重、厚实的历史感，兼具通透、明快的现代感，主要设计手法包括：

建筑主体采用深灰色仿石面砖，屋顶装饰白色压顶，体现客家建筑较为自然、稳重的气质；

建筑体形虚实呼应，虚的部分采用Low-E玻璃围合形体，形成通透、明快的视觉效果；

建筑两侧外廊采用白色氟碳喷涂轻钢结构，形成轻盈、现代的时尚感；

建筑周边挡土墙及勒脚采用当地天然石材，强调建筑原始、自然、环保的设计理念。

岭南气候特征的绿色建筑理念

以岭南地区气候特征为主线，以遮阳和自然通风作为重要的节能手段。通过庭院、天井、屋顶平台等灰空间有效组织气流，贯彻绿色设计理念。

基于博物馆设计要求，在展览空间尽量减少开窗数量，在防止太阳辐射和避免产生眩光的同时产生富于光影变化的建筑立面效果。

平面布局采用适宜南方地区的外廊式做法，以获得良好的自然通风。

兼具岭南特色与时代精神的博物馆建筑

基地范围内自然生长了三棵老树，是村民氏族生活和历史积淀的主要载体。方案将三棵树的保留作为设计的重点和中心，结合周围环境，形成虚实围合的"树之庭院"。保留了原基地的自然风貌，与现代化的建筑主体形成历史与材料、自然与人工的"对话"。

建筑主色调为体现中国传统民居特色的深灰色和白色，以灰色调为主，采用接近当地石材效果的仿石面砖，形成古朴、稳重的斑驳效果，使人产生历史的沉淀感。这样的纪念方式可以寄托对客家的历史、文化、氏族的情感，也是对生活于其中的现代人的最好的教育。

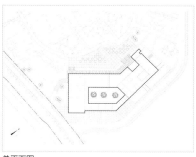

总平面图

地下一层平面图

一层平面图

二层平面图

三层平面图

The twenty-sixth session of the Shenzhen Universiade athletes village

第 26 届世界大学生运动会运动员村（第三标段）建筑单体

建 设 单 位：深圳信息职业技术学院
项 目 地 址：广东省深圳市龙岗区龙城西区
项目负责人：吴家骅、张道真
设 计 团 队：蔡瑞定、朱宏宇、马越、张道真、
　　　　　　夏春梅、高文峰
设 计 时 间：2008 年
竣 工 时 间：2011 年 3 月
建 筑 面 积：267735 ㎡

Client: Shenzhen Institute of Information Technology
Location: West Area of Longcheng, Longgang District, Shenzhen, Guangdong Province
Principle: Wu Jiahua, Zhang Daozhen
Team Members: Cai Ruiding , Zhu Hongyu, Ma Yue, Zhang Daozhen,
　　　　　　　　Xia Chunmei, Gao Wenfeng
Design Period: 2008
Completion: March 2011
Gross Floor Area: 267735 ㎡

第 26 届世界大学生运动会运动员村总平面图

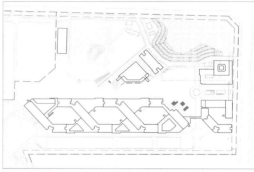

第三标段总平面图

山水校园与高密度的宿舍区

深圳信息职业技术学院迁址新建工程的校园设计,希望能够体现出山水校园的整体环境。南北校区以中央水体为中心,建设密度相对较低,与山水环境融合为一体。生活区由于可建设用地有限,需要在山水校园当中体现高密度的城市化设计。5栋折线形17层高的宿舍区塑造了东校区的总体形象。方案在用地小、建筑密度大的现实条件下,在尽可能多地获得南北朝向的前提下,拉大楼体间距,以获得更好的采光和通风效果。并通过楼体间的围合成多个均质的庭院,活跃了宿舍建筑的地面空间,优化学生的生活和居住环境。

因地制宜,塑造多元立体化的校园空间

东校区所在建设用地范围地形高差变化较大,主要建设用地南低北高,高程为47.60~55.00m不等。设计依据地形变化,自北向南形成三个高程不等的主要建设用地和道路系统。综合服务楼及后勤附属用房、赛时商业中心、B学生宿舍和升旗广场之间利用高差,形成绝对标高为47.00,50.45的双层立体交通系统。上层作为机动车的道路系统,底层作为步行系统,为学生的日常生活和学习提供了人车分流同时兼具趣味性的活动空间。中央的C食堂建筑设计依地势变化形成灵活的空间布局,整体建筑造型与东南向面向宿舍区的台地空间融为一体,形成逐层后退的退台式的建筑空间布局,从而优化食堂与宿舍区之间的环境。并结合不同的地势高度对食堂的出入口作灵活处理。

适合岭南气候特点的绿色设计理念

以岭南地区气候特征为主线,力求校园建设生态化和节能化。方案以遮阳和自然通风作为重要的节能手段。采用庭院、天井、屋顶平台等灰空间,结合内外空间,有效组织气流,贯彻绿色设计理念。大量运用遮阳板,在防止太阳辐射和避免产生眩光的同时,产生富于光影变化的建筑立面效果。

宿舍平面布局采用适宜南方地区的外廊式做法,以获得良好的自然通风。在宿舍单元中,将卫生间与阳台空间整合在一起布置,在实现空间合理利用的情况下有效保障了居住空间的通风、采光和遮阳。将两侧平行的外廊式宿舍单元空间通过中央的交通核连接起来,形成近似"回"字形平面构成基本建筑单元(每个单元约有21间宿舍),通过对"回"字形建筑单元的组合,形成不同形态的宿舍楼。

传统民间工艺特色

为了深圳信息职业技术学院迁址新建工程,原基地所在的格坑村进行了拆迁。格坑村老围屋是村民氏族生活和传统文化积淀的主要载体。方案将保护的意义从建筑单体的保护扩大为对格坑村传统文化的保护与尊重,将保护的范围由一栋房子扩大到一个广场区域,一个"南朝世居"纪念园。

SZU South Campus Student's Apartments

深圳大学南区学生公寓

建 设 单 位：深圳大学
项 目 地 址：深圳市南山区
项目负责人：龚维敏
设 计 团 队：龚维敏、卢旸、杨钧、何小丹、李娜、
　　　　　　林杏梅、卢力齐
设 计 时 间：2009 年
竣 工 时 间：2011 年 9 月
用 地 面 积：28000 ㎡
建 筑 面 积：105000 ㎡

Client: Shenzhen University
Location: Nanshan District, Shenzhen
Principle: Gong Weimin
Team Members: Gong Weimin, Lu Yang, Yang Jun, He Xiaodan, Li Na,
　　　　　　　 Lin Xinmei, Lu Liqi
Design Period: 2009
Completion: September 2011
Site Area: 28000 ㎡
Gross Floor Area: 105000 ㎡

区域位置图

总平面图

鸟瞰图

深圳大学南校区位于主校区南侧的新校区。深圳大学南校区学生公寓（以下简称学生公寓）位于南校区东端，西侧为南校区教学区，东、南侧为深圳科技园，周边均为教学、科研建筑。总平面布局以南校区的整体空间为系统概念，采用围合式＋板式的建筑群体组合形成校园空间构成和完善总体的肌理关系，强化南校区主轴空间的延伸和连续，建立清晰的空间层级结构，实现南校区整体的校园形态整合和规划空间的完整。

围合性：学生公寓建筑群体构成围合的空间体量，形成完整的校园肌理关系。创造出具有领域感、层次丰富的内庭院空间。

本项目周边皆为教学、科研建筑，为了避免宿舍建筑通常的无序景象，本设计采用了方框组合的立面语言，并在框缝处设穿孔铝板墙面，以遮蔽室外空调机并有效地将阳台晾衣物加以整合，为立面建立了秩序，创造出具有公共建筑品质的建筑造型，从而更好地融入周边环境。东西侧的垂直格栅墙突出刻画了建筑体形特点。西向四片弧面格栅墙为校区中轴空间提供了纯粹而强烈的背景图像。

南北向建筑采用内走道双排房间平面。东西向建筑为单廊式平面，其走廊设在西向，房间朝东，有效减少了西晒对居房的不利影响，内走道被看成是学生的交往空间。A栋居房门不开向走道，在走廊两侧形成了有节奏感的墙体界面；沿B栋建筑的内走道间歇布置2层高开放空间，将光线与空气引入内部空间。

本设计创造了两种典型居住单元。单元Ⅰ：两居室合用一个卫生间；单元Ⅱ：五个房间合用一个卫生间以及一个公共客厅空间。B栋建筑还创造了三层越层式组合单位，中间层为主要走道层，与主要电梯厅相通，采用Ⅰ形居住单元。上层及下层则采用Ⅱ形居住单元，这两层均以2层的开敞空间布置于其中的专用楼梯与中间层连接。所有卫生间均有对外采光通风条件，这种局部公用卫生间可以由专人打扫、清洁，而非由学生自理。这样的做法可有效地改善居室、卫生间及走道的空间品质。

本设计营造了多层次的公共空间系统，提供了充足的空间以容纳丰富的校园生活内容。建筑首层、二层设有大面积架空层，可用作各类半室外活动，二层设有连廊将A、B栋架空层联通并与南校区二层步行平台系统联为一体。A、B两组建筑群均有中心绿化庭院，其中设有地景式圆形座椅，可用作户外集会。塔楼上部营造了多种可以停留、交流的小尺度空间，B栋三层越层式居住单元包含了多种半开敞空间，其中间层与半开敞平台相通，上、下层的每组单元共用一个开放式客厅，可以进行小规模的聚会等活动。

大学校园生活的特点决定了高层学生宿舍建筑在每个上课日中都会有三段垂直交通的高峰时间，据对现有宿舍调查，高峰时段上部楼层的学生需花半个多小时的时间等候电梯。高效的垂直交通方式对高层学生公寓具有重要意义，在本设计中，B栋建筑运用了新的垂直交通组织策略，结合三层越层居住单位，电梯厅隔三层设置，中间走道层与电梯厅平层，上、下层每个单元的学生可通过专用越层楼梯行至走道层及电梯厅。这种方式减少了三分之二的电梯停靠站，使其停靠时间大为减少，从而有效地减少了等候时间，提高了垂直交通的效率。

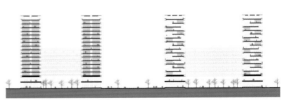

剖面图

Xi'an Qian Xi International Plaza
西安千禧国际广场

建 设 单 位：深圳市天地集团股份有限公司
项 目 地 址：西安市未央路与凤城二路相交处
项目负责人：宋向阳、冯鸣
设 计 团 队：宋向阳、冯鸣
施工图设计：中国西北建筑设计研究院
设 计 时 间：2007 年
竣 工 时 间：2011 年
用 地 面 积：14839 ㎡
建 筑 面 积：142722.25 ㎡

Client: Shenzhen Universe Group Co. Ltd.
Location: At the junction of Weiyang Road and Fengcheng 2nd Road, Xi'an
Principle: Song Xiangyang, Feng Ming
Team Members: Song Xiangyang, Feng Ming
Construction Drawing Design: Northwestern Architectral Design Institutes
Design Period: 2007
Completion: 2011
Site Area: 14839 ㎡
Gross Floor Area: 142722.25 ㎡

体现用地的商业价值：充分发挥西安市地铁线出入口与大楼地下室连接，项目努力打造为集商务办公、公寓、住宅和商业与城市公共交通于一体的现代城市综合体。

把不同功能的建筑体量融合形成统一的、体现鲜明时代感和高效企业形象的建筑风格。

下沉式广场设计，激活地下空间的商业价值，为商业开发提供了丰富的空间层次和良好采光条件。

与未央路东西两侧的高层办公楼群相呼应，以简洁而富于细节的玻璃幕墙表现出西安古城新建筑的现代个性。

总平面图

The Shenzhen Observatory
深圳天文台

建 设 单 位：深圳气象局
项 目 地 址：深圳市大鹏半岛
项目负责人：朱继毅
设 计 团 队：朱继毅、邓德生、陈天春
设 计 时 间：2007 年
竣 工 时 间：2011 年
建 筑 面 积：2000 ㎡

Client: Meteorological Bureau of Shenzhen Municipality
Location: Shenzhen Dapeng Peninsula
Principle: Zhu Jiyi
Team Members: Zhu Jiyi, Deng Desheng, Chen Tianchun
Design Period: 2007
Completion: 2011
Gross Floor Area: 2000 ㎡

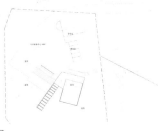

总平面图

项目位于深圳市大鹏半岛，总面积2000㎡，2011年建成。该项目由三个部分所组成：研究中心、气象中心和天文观测站。设计力图分散体量，减少对环境的影响，结合地形，因坡就势，通透开敞，简洁大方。

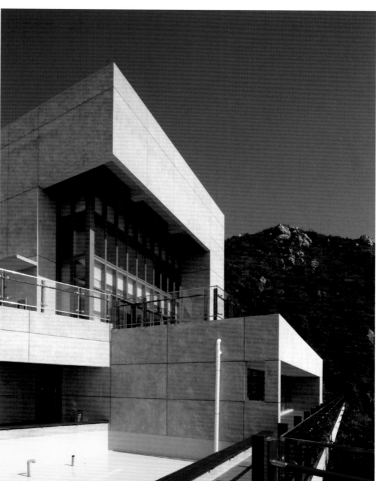
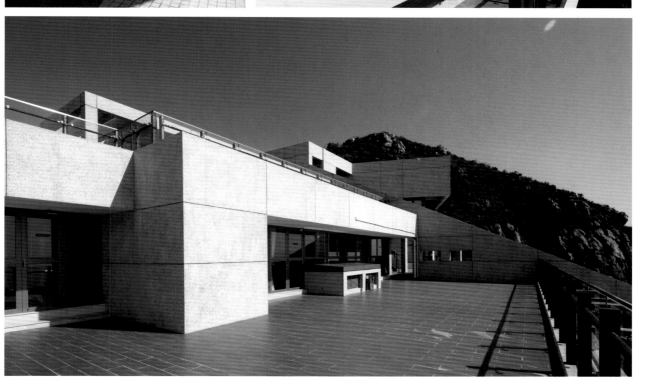

The Para Diso Of Vanke (Shunde)
佛山万科新城湾畔

建 设 单 位：佛山市万科置业有限公司
项 目 地 址：佛山市顺德区
项目负责人：曹卓
设 计 团 队：曹卓、傅洪
设 计 时 间：2006 年
竣 工 时 间：2011 年
用 地 面 积：62901.61 ㎡
建 筑 面 积：174696 ㎡

Client: Foshan Vanke Real Estate Co. Ltd.
Location: Shunde District, Foshan Cty
Principle: Cao Zhuo
Team Members: Cao Zhuo,Fu Hong
Design Period: 2006
Completion: 2011
Site Area: 62901.61 ㎡
Gross Floor Area: 174696 ㎡

佛山万科新城湾畔项目位于佛山市顺德区新城的中心组团核心位置，是顺德未来城市中心，区域发展潜力巨大，发展前景好。宗地四至范围：北至德胜路；西至顺德大道的市政绿地(距道路车行路最近点215m)；东至纯水岸项目用地；南至澄海路。项目周边交通网络密集，出行非常方便。

根据用地现状，精心规划，本着"创新、特色、精品"的原则，以巧妙的总体布局，充分利用地块周围的景观资源；以地块内的高差组织人流与车流；以绿化水景庭院的设置，营造恬逸的社区氛围，区分不同性质的居住空间；形成相互和谐，统一中有变化的有机整体，从各个环节体现社区的风格与特色。

本项目是位于江边的住宅项目，含有少量商业，无疑江景是重要的景观资源，同时结合城市景观需要，使户户近有园景，远享江景；首层的架空庭院式设计，为住户提供了一个良好的休憩、交流场所。

高程上，商铺位于原地坪层，与南北两侧道路比，处于半地下室高度，对于城市景观，没有遮挡江景向道路的延伸，反而提供了另一个层次的空间；位置上，以商铺围合而成的半开敞式行人广场位于一期、二期发展的中间位置。此处的商业与住宅相对独立，又方便使用。下沉式广场充分利用了原有地形，有良好的凝聚力，从空间上划分开住户、商业人流，使此处的商业既可满足小区住户的需要，又可向社会提供服务。

住宅的设计不但应当注重整体社区空间的营造，每个住户的生活要求也是设计的要点。本案在这个原则上，更加重视户内的环境营造。将享受优美景观的机会分给每个住户，体现均好性和公平性的人文精神。

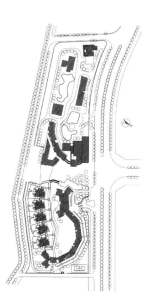

总平面图

Yinxin Park
银信中心

建设单位：信义地产
项目地址：深圳市龙岗区横岗
项目负责人：覃力
设计团队：林剑辉、颜奕填、李一凡、陈晓、许康
设计时间：2003 年 5 月～ 2010 年 5 月
竣工时间：2012 年
用地面积：10063 ㎡
建筑面积：59758 ㎡

Client: Xinyi Real Estate
Location: Henggang, Longgang District, Shenzhen
Principle: Qin Li
Team Members: Lin Jianhui, Yan Yitian, Li Yifan, Chen Xiao, Xu Kang
Design Period: May 2003 - May 2010
Completion: 2012
Site Area: 10063 ㎡
Gross Floor Area: 59758 ㎡

总平面图

银信中心，坐落在深圳龙岗区的横岗中心地段，原来该用地是区域内标志建筑横岗大厦的旧址，新建的银信中心是一座典型的高层综合建筑。总建筑面积59758㎡，高103.3m，地下3层，地上24层，容积率4.5。建筑底部是5层的商场，六至九层是酒店，十至二十四层为公寓式办公。

银信中心是未来的横岗商业中心综合体中第一栋建成的建筑，建设用地相对独立，东北面紧邻横岗人民公园，西侧是深惠公路，南面是松柏路，地理位置极佳。所以，不论是建设方还是政府管理部门，各方面都希望新建的银信中心能够成为新时代横岗的标志性建筑。当然，是否所有高层建筑都需要标志性是个学术问题，但就其地理位置而言，该建筑的形态确实是非常重要。

因此，高层塔楼能否有所突破便成了此次规划设计的切入点。而对于高层建筑来说，建筑形体的空间构成方式是非常重要的，塔楼的形态除了外观造型效果之外，功能、景观等因素也是非常关键的。我们首先从景观入手，在分析了周边环境之后，即将景观利用最大化作为目标。为了使更多的房间能够朝向公园，放弃了传统高层建筑常用的规整平面，把标准层平面做成两排以30度夹角错开的布置形式，这不仅使所有房间都朝向公园，拥有良好的景观，而且还利用走廊，有效地避开了深惠路大量车流带来的噪声干扰。

平面上的变化也带来了建筑造型上的突破，使高层塔楼呈现出个性化极强的形态特征。由于塔楼迎面对着深惠路，所以从深圳市区向横岗一路走来，很远就可以看到这座建筑。很多人在看到这座建筑后，都认为该建筑个性突出，标志性非常强，很好地完成了当初招标任务书中要求具有一定标志性的任务。

平面组织上的这一变化，也带来了高层建筑空间概念上的突破，打破了均衡对称的方正形态，以具有动感的偏置核心筒方式，形成了一种新颖的空间效果。在这种高层建筑空间构成模式中，一反中央核心筒公共空间封闭昏暗的弊端，电梯厅直接对外，可以自然采光通风，走廊也是开放明亮的，从中能够看到四周的景色。而那些结构上偏心、扭转等不利因素，在实际设计中倒并没有带来太多的负面影响。通过我们与结构工程师的共同努力，最后这栋100m高形态不规整的大楼，却创下了竣工造价每平方米只有3400元的记录，比同期深圳市一般的高层建筑造价还低很多。所以，方正规整的高层建筑并不一定廉价，而在空间形态上有所突破的，造价也不一定就高，关键还是设计人能否把握得住。

Shenzhen SDG Information Building
特发信息港

建 设 单 位：深圳市特发信息股份有限公司
项 目 地 址：深圳市高新技术园区
项目负责人：朱继毅
设 计 团 队：朱继毅、邓德生、吴彦华、王业珠、
　　　　　　钟秋荣、马越、赵勇伟
设 计 时 间：2007 年
竣 工 时 间：2012 年
建 筑 面 积：60000 ㎡

Client: Shenzhen SDG Information Co. Ltd.
Location: Shenzhen Hi-Tech Industrial Park
Principle: Zhu Jiyi
Team Members: Zhu Jiyi, Deng Desheng, Wu Yanhua, Wang Yezhu,
　　　　　　　　Zhong Qiurong, Ma Yue, Zhao Yongwei
Design Period: 2007
Completion: 2012
Gross Floor Area: 60000 ㎡

项目位于深圳市高新技术园区，总建筑面积60000㎡，2012年建成。该项目由两栋办公楼与一栋综合服务楼所组成，它们与已有的办公楼和厂房共同围合成一个开阔的景观丰富的休闲广场。设计采用黑白色调，体块穿插，体现时代气息。

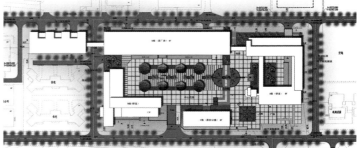

总平面图

The Culture & Art Center of Longhua, Shenzhen

龙华文化艺术中心

建 设 单 位：深圳市宝安区文化局
项 目 地 址：深圳市龙华街道
项目负责人：艾志刚
设 计 团 队：牟冰冰、肖振 、张波
设 计 时 间：2006年
竣 工 时 间：2012年
用 地 面 积：28184 ㎡
建 筑 面 积：26133 ㎡

Client: Longhua Sub-district Administration Office, Shenzhen
Location: Longhua Street, Shenzhen
Principle: Ai Zhigang
Team Members: Mu Bingbing, Xiao Zhen, Zhang Bo
Design Period: 2006
Completion: 2012
Site Area: 28184 ㎡
Gross Floor Area: 26133 ㎡

总平面图

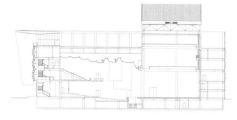

剖面图

龙华文化艺术中心由图书馆、剧场、群艺馆三部分组成，内部功能相对独立，外观合为一体。

建筑造型为一实一虚的两个半圆组合。实体部分以厚墙小窗形成稳定性与围合感；虚体部分以外露的巨型框架凸显开放性与延伸感。建筑中心轴线指向文化广场的中心，形成紧密的整体关系。建筑空间丰富多样。左侧中庭通风凉爽，退台式活动平台具有亲和力；右侧台阶式广场暗含一个半开放的大舞台，方便举办大型集会。

Shen Wai International School
深圳外国语学校国际部

建设单位：深圳市教育局
项目地址：深圳南山区深圳湾地区
项目负责人：刘尔明
设计团队：刘尔明、李智捷、陈高杨、李祝明、吕惠容
设计时间：2009 年
竣工时间：2012 年
用地面积：24094.82 ㎡
建筑面积：42000 ㎡

Client: Shenzhen Education Bureau
Location: Shenzhen Bay, Nanshan District, Shenzhen
Principle: Liu Erming
Team Members: Liu Erming, Li Zhijie, Chen Gaoyang, Li Zhuming, Lv Huirong
Design Period: 2009
Completion: 2012
Site Area: 24094.82 ㎡
Gross Floor Area: 42000 ㎡

总平面图

深圳外国语学校国际部项目为国际竞标中标项目，于2012年竣工。

深圳外国语学校国际部是由深圳市政府批准建设，并列入深圳市基本建设计划的一所接受外籍人士子女就读，采用美国课程体系的国际学校。办学规模为54个班、1080个学位、教职工142人。包括幼儿部、小学部、初中部三个教学功能区块及体育馆、小剧场、食堂、教师公寓等相关配套功能区块。总建筑面积约42000㎡，容积率为1.33。

项目基地位于南山区深圳湾地区，西临沙河东路，北接白石三路，南侧为红树西岸高层住宅区，东侧为已建成的滨海实验小学。地块形状大致呈正方形，地形平整，长约160m，宽约150m，用地总面积24094.82㎡。

高密度条件下的校园空间设计：有限的场地和高容积率（1.33）的项目条件下，通过采用水平与立体空间组织，不仅创造了丰富而有层次的校园空间，而且形成简洁而明快的城市景观。同时通过建筑界面、建筑体量及入口空间的处理，协调建筑与城市环境之间的关系。

适应新教育模式的教学单元及单元组群设计：教室单元及其组织方式的大胆尝试，与教育理念紧密结合的创新性校园设计注入了新意，多样化的立体学习交流场所和对空间人工细节与自然元素的关注，则对校园空间人性化与趣味化作出了有益的回应。

巧妙合理的功能空间组织：项目涵盖幼儿部至初中部及食堂、教师公寓、剧场、篮球馆、游泳馆等教学辅助设施，功能空间较为复杂，本案在处理好建筑体量及空间与城市关系的基础上，合理安排各功能空间，避免相互之间干扰的同时，保证各部分方便的联系。

Science & Education Center, Guangxi Institute of Technology

广西工学院科教中心

建 设 单 位：广西工学院
项 目 地 址：柳州市广西工学院校园内新校区
项目负责人：钟中、陈佳伟
设 计 团 队：钟中、陈佳伟、顾宗年、钟波涛、吴忠华、
　　　　　　 黄岸辉、何良、裴乐锋、王业珠
设 计 时 间：2004~2006 年
竣 工 时 间：2012 年
用 地 面 积：38364 ㎡
建 筑 面 积：92814 ㎡

Client: Guangxi Institute of Technology
Location: New Campus of Guangxi Institute of Technology, Liuzhou
Principle: Zhong Zhong, Chen Jiawei
Team Members: Zhong Zhong, Chen Jiawei, Gu Zongnian, Zhong Botao, Wu Zhonghua,
　　　　　　　　Huang Anhui, He Liang, Pei Lefeng, Wang Yezhu
Design Period: 2004 - 2006
Completion: 2012
Site Area: 38364 ㎡
Gross Floor Area: 92814 ㎡

项目位于柳州市河东区的新开发区，处在初具"山水校园"特色的广工新校区南端，是目前广西高校已知的最大单体建筑。

用地北高南低，三面山体环抱，包括科教中心建筑群及中心花园两部分，居于新校区中轴线，体量和风格处于"核心"地位；建筑群基于8.4m×8.4m单元格网展开，满足功能及灵活配置；楼栋南北向布置并形成各具特色的院落，结合坡地形成架空层以及自东向西贯穿的四层架空"生态绿龙"。科研实验主楼高15层，居于中央而强调中轴对称，其余6层高附楼对称布于四周，与邻近的其他已建、待建楼栋在尺度上相协调，各功能相对独立又相互联系便捷。

按"人车分流"原则，采用"鱼骨式"组织人车交通，并引入"二层架空步行系统"成为立体架构网络，为今后校区建设的"生长延伸"服务；建筑形式较为纯粹朴素、方整规矩，强调自身的逻辑语言与对比关系，主楼中央高10层贯穿开敞的门洞连通前后广场空间，其标志性成为柳州城市形象的代表和新校区建筑群的南大门；运用写意手法的中心花园"U"水道与坡地，概括了壶形的柳江形态与喀斯特地貌等地方文化脉络。

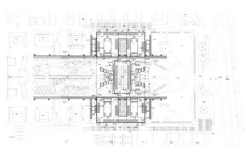

总平面图

NH E-cool Phone (Phase II)
南海意库二期工程

建 设 单 位：深圳招商房地产有限公司
项 目 地 址：深圳市南山区蛇口兴华路
项目负责人：黄大田
设 计 团 队：马越、张春琳、冯海波、黄宝凤、
　　　　　　胡芳芳、李本池
设 计 时 间：2009~2010 年
竣 工 时 间：2011 年
用 地 面 积：44125 ㎡（含一期）
建 筑 面 积：397920 ㎡

Client: Shenzhen Merchants Property Development Co. Ltd.
Location: Xinghua Road, Shekou, Nanshan District, Shenzhen
Principle: Huang Datian
Team Members: Ma Yue, Zhang Chunlin, Feng Haibo, Huang Baofeng,
　　　　　　　　Hu Fangfang, Li Benchi
Design Period: 2009 - 2010
Completion: 2011
Site Area: 44125 ㎡ (PH.I included)
Gross Floor Area: 397920 ㎡

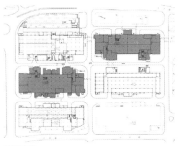

总平面图

南海意库是由建于30年前改革开放初期全国第一批三来一补标准厂房的蛇口三洋厂区改建而成的创意产业园。一期工程（包括1#、3#、5#厂房的改造）于2008年竣工并投入使用。本项目为二期工程，包括2#及6#厂房改造。

一期改造工程虽取得了相应的成果，但存在着过于注重各楼栋个体建筑的改造而缺乏整体社区氛围，历史痕迹全然消失，与片区重点公共场所海上世界广场联系薄弱等问题。有鉴于此，二期工程规划设计着重强调：

营造社区氛围，丰富公共生活。在一层部分尽可能布置公共活动功能，积极将人流引入园区内部，促进南海意库整体公共空间环境的形成，并使之成为社区公共生活的焦点；

体形新旧穿插，延续历史变迁。外观设计上尽可能保留极富旧厂房特征的原有部分，体形新旧穿插互为衬托，留存宝贵的历史遗迹及时代记忆，丰富南海意库公共空间的文化内涵；

突出重点界面，强化社区联系。以个性鲜明的立面设计统领南海意库的西向界面，与相邻的海上世界这一蛇口地区重点公共空间形成互为呼应、相映成辉的关系；

巧用适宜技术，营造生态外观。二期工程在紧凑的空间条件下巧妙利用适宜技术手段，营造出既使植物能顺应自然条件生长，又使维护保养经济简便的独特的立体生态外观，与一期工程立面绿化（需空间条件支持的退台绿化及维护要求较高的垂直绿化）形成呼应关系。

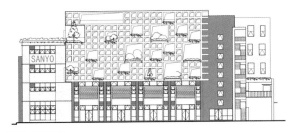

东立面（改造后）

Park View·CMPD
招商观园

建设单位：深圳招商房地产有限公司
项目地址：深圳市宝安区观澜街道环观南路北侧
项目负责人：陈方
设计团队：陈方、殷滨、刘畅、郭翰平、
　　　　　张正国、武迎建、刘中平
设计时间：2007 年
竣工时间：2012 年
用地面积：114759.15 ㎡

Client: Shenzhen Merchants Property Development Co.Ltd.
Location: North of Huanguan South Road, Guanlan Street, Bao'an District, Shenzhen
Principle: Chen Fang
Team Members: Chen Fang, Yin Bin, Liu Chang, Guo Hanping,
　　　　　　　Zhang Zhengguo, Wu Yingjian, Liu Zhongping
Design Period: 2007
Completion: 2012
Site Area: 114759.15 ㎡

总平面图

项目位于深圳市宝安区观澜街道环观南路北侧，与观澜高新技术区隔路相望，毗邻梅观高速，机荷高速。

基地为自然山地，北侧坡地向北高处可以远眺水库，南侧眺望高新科技园区及环观南路，西侧临工业厂区，东侧为成建居住用地，中部有湖景。北侧、东侧未来受市政规划路干扰有一定噪声；西侧噪声来自工业厂区，未来噪音较大；南侧临环观南路噪声影响较大。周围地块的成熟度日益升高，地理位置在未来城市发展中属于较好的区域；这个基地坡向较为复杂，同时受规划限高影响，仅仅在小区西南角度限高60m，其他地区限高24m。

利用基地东侧入口售楼处及商业型形成的社区广场，与基地中心湖景以跌落的溪流相连，形成一条景观绿轴，联系各个产品组团。同时将基地三个原生态山头改造为山顶公园，作为规划控制节点，低层住宅区顺着山势围合三个山头，自然形成三个组团。由景观绿轴形成的步道串联三个山顶节点，形成小区公共步行系统。

总体设计遵循三个原则：

山地主题——充分利用基地本身赋予的有利生态条件及景观要素，尤其是充分挖掘基地自然形成的冲沟与山体以及基地中心湖景资源，通过设计的整合，创造独特的具有生态湖堤谷地生活特色的优雅乡居环境，并以点状的组团绿地、带状的林荫步道形成贯穿整个空间范围的绿化系统，真正将花园绿化实现在每户每家前。

城市界面——鉴于基地东北两面也为居住用地，四面具有道路或规划道路，如何在充分利用和发挥商业及会所设施的基础上，在社区入口以及示范区更多地考虑公共开放、城市共享、商业配套、社区广场等，是本设计所研究的另一重要课题。同时也有利于促进边缘社区的人气提升。

独立分区系统——通过合理规划布局及路网设计，利用地形高差，形成以低层住宅及双拼别墅为主，搭配高层及多层的住宅，形成一个高档次的居住社区。

The Front Gulf Garden
前海湾花园

建 设 单 位：深圳市招商创业有限公司	Client: Shenzhen Merchants Venture Co. Ltd., Shenzhen
项 目 地 址：深圳	Location: Shenzhen
项目负责人：黎宁	Principle: Li Ning
设 计 团 队：黎宁、孙露婷、唐聃、李智捷	Team Members: Li Ning, Sun Luting, Tang Dan , Li Zhijie
设 计 时 间：2007 年	Design Period: 2007
竣 工 时 间：2012 年	Completion: 2012
建 筑 面 积：158953.52 ㎡	Gross Floor Area: 158953.52 ㎡

总平面图

规划采用围合式布局，由此形成了公共的街坊和小区内私密的院落。空间丰富，场地宽敞，环境舒适。在保持围合感的基础上局部开口，转角度，打破了空间的单调感和封闭感，组织好穿堂风，并改善了部分宿舍的朝向。底部临街空间采用了骑楼的形式，有利于形成更好的商业氛围。小区的户外环境自然生态，利用车库屋顶0.8m的覆土层种植花草树木，为社区居民提供了一个阳光充足、空气流通、树木葱郁的户外活动场所，增进了住户的交往。

Toledo Watertown, Tongling
铜陵托莱多

建 设 单 位：合肥托基房地产有限公司
项 目 地 址：安徽省铜陵市天景湖公园东
项目负责人：杨文焱、傅洪、洪悦
设 计 团 队：王春涛、李明、范佳敏
设 计 时 间：2010 年
竣 工 时 间：2012 年
用 地 面 积：118014.61 ㎡
建 筑 面 积：63355.55 ㎡

Client: Hefei Tuoji Real Estate Co. Ltd.
Location: East of Tianjing Lake Park, Tongling, Anhui Province
Principle: Yang Wenyan, Fu Hong, Hong Yue
Team Members: Wang Chuntao, Li Ming, Fan Jiamin
Design Period: 2010
Completion: 2012
Site Area: 118014.61 ㎡
Gross Floor Area: 63355.55 ㎡

总平面图

该项目属市政府环天井湖景观建设规划区域项目，周围湖光山色，距城市商业中心约2km，地理位置优越，交通便利，景观优势明显。总建筑面积约210000㎡，容积率1.0，住宅产品包括独立别墅、叠加别墅、连排别墅、花园洋房、多层住宅五种，三期由双拼别墅、联排别墅及会所组成。

规划依托原总体规划，结合新的开发要求以中央湖区为中心，划分出三个风格别致的岛状组团。用树形道路骨架联系各岛区，形成"渗透"式的树枝状道路规划体系，以及易于与景观和资源共享的建筑格局。围绕中心湖区构成的双拼别墅岛上的每个岛状组团都具有良好的亲水性和隐蔽性，每栋建筑均有充分的景观视野。整体布局体现了最大化的"均好性"。同时为营造整体空间节奏变化，拉长道路，使之曲折起伏，以产生回味悠长、韵味无穷的居家空间。并以不同形状、大小的带状绿地连接小区景观主路，构成序列化的景观通廊，形成纵横交错、互相渗透的景观网络。沿用地中央引入西湖水的线性"绿脊"，串联起了整体的景观空间体系，即外湖大景观系统——沿湖休闲文化带——区内景观主轴——内湖景观系统——带状绿化系统——宅前绿化系统，实现完全意义上的户户有水景，家家有绿化的"大生态系统"概念。

建筑设计根据开发要求强调休闲和贴近自然的类型和格调、建筑体量的虚实变化、光影营造、细部比例和尺度、材质的本体变化，以及有特色的建筑色彩配置，以期获得本体纯净的美感、家园的亲和、温暖和恬静。

图书在版编目（ＣＩＰ）数据

深圳大学教师建筑设计作品集 / 深圳大学建筑与城市
规划学院 编 . — 北京 : 中国建筑工业出版社，2013.8
  ISBN 978-7-112-15666-5

  Ⅰ . ①深… Ⅱ . ①深… Ⅲ . ①建筑设计—作品集—中
国—现代 Ⅳ . ① TU206

  中国版本图书馆 CIP 数据核字（2013）第 169297 号

责任编辑：孙立波　白玉美　率　琦
封面设计：覃　力
版式设计：吴　畏
责任校对：张　颖　刘　钰

深圳大学教师建筑设计作品集
SELECTED WORKS BY ARCHITECTURAL FACULTY MEMBERS OF SHENZHEN UNIVERSITY
深圳大学建筑与城市规划学院　编
COLLEGE OF ARCHITECTURE & URBAN PLANNING OF SHENZHEN UNIVERSITY

中国建筑工业出版社出版、发行（北京西郊百万庄）
各地新华书店、建筑书店经销
恒美印务（广州）有限公司印刷

开本：787×1092 毫米　1/16　印张：11½　字数：300 千字
2013 年 8 月第一版　2013 年 8 月第一次印刷
定价：**150.00** 元
ISBN 978-7-112-15666-5
　　　　（24195）